一看就懂的育儿心理学

（0—6岁）

郑佳雯　著

四川文艺出版社

图书在版编目（CIP）数据

一看就懂的育儿心理学 : 0—6岁 / 郑佳雯著. -- 成
都 : 四川文艺出版社, 2023.7
ISBN 978-7-5411-6666-2

Ⅰ.①一… Ⅱ.①郑… Ⅲ.①儿童心理学 Ⅳ.
①B844.1

中国国家版本馆CIP数据核字（2023）第093957号

YI KAN JIU DONG DE YU'ER XINLIXUE: 0 — 6 SUI

一看就懂的育儿心理学：0—6岁

郑佳雯　著

出 品 人	谭清洁
责任编辑	路　嵩
封面设计	叶　茂
内文设计	史小燕
责任校对	段　敏
责任印制	崔　娜

出版发行　四川文艺出版社（成都市锦江区三色路238号）
网　　址　www.scwys.com
电　　话　028-86361802（发行部）　028-86361781（编辑部）

邮购地址　成都市锦江区三色路238号四川文艺出版社邮购部　610023
排　　版　四川胜翔数码印务设计有限公司
印　　刷　成都蜀通印务有限责任公司
成品尺寸　145mm×210mm　　　开　本　32开
印　　张　9.5　　　　　　　　　字　数　213千
版　　次　2023年7月第一版　　　印　次　2023年7月第一次印刷
书　　号　ISBN 978-7-5411-6666-2
定　　价　49.80元

前　言

　　新手父母养育和教育孩子基本都凭自己的经验，大脑中早已建立了"标准"孩子的印象：开朗、阳光、自信、勇敢……但实际情况是，孩子自打娘胎里出来就带着与生俱来的气质，或活泼或安静，或冲动或理性，或敏感或迟钝，或向外发散或向内收敛……天生气质是在精子和卵子结合的时候就已经被决定且一生很难改变，正所谓江山易改本性难移，智慧的父母懂得发现和顺应孩子与生俱来的气质，立足于孩子的"本性"做加减乘除。如此教养，孩子才会发挥出最大潜能，成就自己。

　　现实的情况是，孩子如果活泼好动，父母则希望孩子"文静一点"；孩子如果内敛安静，父母就希望孩子"活泼一点"。看来，无论孩子什么样都不会令父母们满意。

　　殊不知，父母的眼光和不经意的"希望"正在无形中给孩子带来伤害。孩子通过父母的眼神，捕捉到了父母的失望。接下来，孩子的大脑就开始进行下一轮的加工：我不够好！

　　孩子为什么会逆反？孩子为什么爱动手？孩子为什么不喜欢

去人多的地方？孩子为什么不合群？所有行为的背后都自有一套心理模式，成人也不例外。我们要通过孩子身上的行为看到孩子的内在心理模式，有的内心冲突因为孩子语言能力的限制无法表达，这时候我们还必须借助一些特殊工具。只有父母有了科学的心理知识，才能更好地了解和理解他们，真正有效地帮助孩子解决行为问题。

1岁左右是幼儿的口腔敏感期，幼儿通过嘴来探索世界，形成对外界的早期认知，这个时期如果嘴得到了充分满足，长大以后就不太会用嘴进行补偿。父母如果在这一阶段强行阻断孩子用嘴探索，会给孩子埋下心理隐患，甚至延迟结束或发展出其他的行为。

婴幼儿阶段是一生中身体发展最为迅速的阶段，伴随身体的快速发育，心理状况会呈现阶段性的变化，同时可能会出现各种各样让父母困惑不解的行为，这时候父母的理解和帮助就显得至关重要。想让孩子不仅仅身体强壮，还要心理健康，养成健全的人格，形成积极乐观的心理品质，就需要父母充分了解婴幼儿成长阶段的特点，当孩子出现行为问题时能够知晓原因、科学对待，为孩子未来的健康发展夯实基础。

《一看就懂的育儿心理学（0—6岁）》将分析孩子这个年龄阶段不同发育期的心理状况，用案例去解读这些行为背后的心理特征，帮助父母通过孩子的行为，了解这个阶段孩子的心理发展规律，从而找到解决措施。

全书分为八个部分，第一部分为总体概述，让爸爸妈妈建立一个婴幼儿0—6岁敏感期的宏观思维框架，理解一些和这一时期相关的理论；第二部分从孩子的自我意识出发，通过五个与自我意识有关的案例，分析孩子这个阶段的镜像形成、口腔敏感期、物权意识、自尊心等普遍心理特征，帮助父母了解0—6岁婴幼儿自我意识萌发的具体表现，为父母理解与回应提供相关建议。书中后六个部分，分别介绍孩子的情绪管理、人际交往、学习天性、不良行为的应对、运动与健康以及孩子性教育问题。

以上案例均为笔者多年来在教学和临床中积累的案例，帮助父母反观和审视自己的教育过程，希望可以用这些既有普遍性又有典型性的案例，解答父母育儿中的各种疑惑，协助父母帮助孩子度过烦琐又有趣的0—6岁。

目录
CONTENTS

第 1 章　发现孩子的敏感期

第 2 章　孩子的自我意识

第 3 章　孩子的情绪情感

第 4 章　孩子的人际交往

第8章　孩子的性别意识

发现孩子的敏感期

教育最好的时机，

不在大学，也不在中小学，

甚至不在幼儿园，

而是在摇篮。

　　婴幼儿在成长中要遇到多个阶段性敏感期，各个敏感期会呈现出不同的行为表现。敏感期是自然赋予幼儿的生命助力，想让自己的孩子不仅身心健康，还要潜能发挥最大化，就需要关注和把握各阶段敏感期，敏锐地发现这一时期孩子成长的内在需求，结合孩子感官特点，把握最佳的学习时机。一旦抓住孩子发展的敏感期并加以刻意训练，孩子将来完成相关学习任务，结果往往事半功倍。但是如果忽视或者错过孩子的敏感期，日后若想再培养或者学习此类任务，把孩子给"拧"回来，不仅会付出更大的心力和时间，也会让孩子抵触反感，造成亲子关系紧张。

　　那么该如何运用这股助力，帮助孩子四两拨千斤呢？年轻的父母请先不用着急，让我们拥有一双善于发现孩子敏感期的眼睛，我们再一步一步来做。

　　适时协助而不干预。当孩子热衷于有兴趣的事情时，在不危及安全的情况下，大人应避免干预，放手让孩子自己做。不过，并非完全丢下孩子不管，而是适时予以协助和指导。其实，要做到这一点并不容易，因为天然的保护欲使得爸爸妈妈很难克制帮忙的冲动，看到弱小的孩子就健步如飞。

　　把"孩子是有能力的个体"视作前提假设。生命的成长自有其动力，就像一棵树，向上生长是天然的动力，而孩子就是具有能力的天生学习者，他们会循着自然成长法则，不断使自己成长为"更有能力"的个体。但是大多数父母却做了相反的事情，总是担心孩子，不断把焦虑投射给孩子，父母已经把"孩子是无能的"作为前提假设和出发点。担心等于关心＋不信任，所以父母首先要改变观念，把担心变成关心＋信任。

细心观察敏感期的出现。每个孩子都存在个体差异，所以敏感期出现时间并不相同，也没有精确的时间，成人必须以客观的态度，细心观察孩子的内在需求和个别特质。

营造丰富的学习环境。当父母观察到孩子的某项敏感期出现时，应尽力为孩子准备一个满足他成长需求的环境。

鼓励孩子自由探索、勇敢尝试。当孩子获得了尊重与信赖后，就会在环境中自由探索、尝试，不断发展出潜能。

一、听觉敏感期——发现新世界

在养育孩子的过程中我们会发现，有的孩子听从指令需要重复很多遍，对此，幼儿园老师深有体会，她们发现有一些孩子整天心不在焉，刚布置的任务转眼就忘得一干二净。父母、老师通常认为是孩子的学习态度和注意力的问题，甚至认为是孩子的智商问题。

这些情况其实可能是典型的听知觉能力滞后。他们并不是不听话，也不是故意不完成任务，而是因为听知觉能力的落后，无法听明白、听清楚且形成记忆。这成为影响孩子完成任务效果不佳的一个重要原因。

（一）听觉发展规律与建议

听觉是幼儿获取信息的主要渠道之一，他们依靠听觉来辨认周围事物的特点。幼儿与成人沟通，特别是口语的学习，首先依赖于听觉，所以听觉对幼儿智力、个性发展具有重要影响。以前，人们认为"婴儿刚生下来时都是听不见的"，这种观点大错特错，现在科学研究证明，在母体中5—6个月的胎儿就开始建立听觉系统，这是音乐胎教为什么会起作用的原因；出生后，随着新生儿耳中羊水的清除，声音更易传递和被感知；婴儿出生几天后，听觉敏感度便会有很大的提高。

表1—1

年龄	听觉发展规律与建议
0—1个月	出生24小时后对大人说话的声音很敏感。 一周后，听力发育成熟，会密切注意人的声音，也会对噪声有反应。如果在孩子身旁说话，孩子会有感觉，会将头转向熟悉的声音和语言。
1—2个月	对声音的反应十分敏锐，对熟悉或陌生的声音会做出不同反应。 在孩子的不同方向发出声音，孩子会向声源处转动头部。
2—4个月	能区分大人的讲话声，可以辨识妈妈的声音，听到妈妈的声音会很高兴。 能区分男女声，可以分辨语言中表达的感情，能出现不同反应。妈妈的声音是婴儿最喜爱听的声音之一，妈妈可以训练孩子转头寻找声源，如在孩子周围不同方向，用说话声或玩具声训练孩子；也可以训练孩子分辨不同的声音，如选择不同音乐或发声玩具或改变说话的声调来训练孩子。需要注意的是，妈妈不要突然发出过大的声音，以免孩子受到惊吓。

续 表

年龄	听觉发展规律与建议
4—6个月	对各种新奇的声音都很好奇，会定位声源，从房间的另一边和孩子说话，孩子就会把头转向声源方向。 听到声音时，能咿咿呀呀地回应，对音量的变化有反应。这个时候，妈妈可以带孩子去公园，让他感受大自然的各种声音，如风声、水声、鸟叫声、虫鸣声；也可以在做事情的时候多对孩子说话，比如给孩子洗澡时，一边洗一边说话；说话需要尽量清楚，音调抑扬顿挫，可以模仿动画片里的对话声音，不要用与成人平铺直叙的调子。
6—8个月	倾听自己发出的声音和别人发出的声音，能把声音和外在建立简单的联系，比如妈妈说"小手"，孩子会去看手。 大致能辨别出友好和愤怒的说话声。例如用温柔的语气对孩子说话，孩子很高兴；如果用很大声的类似于训斥的声音，孩子会哭。 对隔壁、室外传来的声音能主动寻找声源。
8—12个月	能区分音的高低。 开始模仿大人的发音，如"妈妈""爸爸""宝宝"等。 根据大人的指令能找出相应的身体器官，如指出自己的眼睛、耳朵、嘴巴等五官。
1—2岁	可以准确区分声源的位置，如能寻找侧面、下面、上面的声源。 能按简单指令行动。 具有一定的语言能力，以字、词代句，语言能力发展较快。 音乐的旋律能触动孩子的心弦，孩子会自发地拍手、摇摆身体。 2岁时听力水平接近成年人。

续 表

年龄	听觉发展规律与建议
2—4岁	具备语言理解和听觉记忆能力。 喜欢学大人的语调，反复运用经常听到的语汇。 语言的运用从叠音进步到短句，语句越来越长、越来越生动。
4—6岁	音感与身体节奏感开始发展，喜欢律动唱游、打击乐器等活动。这个时候父母可以利用家里一切可以发出的声响，有节奏地敲击，训练宝宝的律动感。 听觉记忆力逐渐发展，区分主题与背景的视知觉判断能力也更敏捷。

如何尽早发现孩子的听知觉能力是否落后呢？这需要父母足够细心，还需要了解孩子听知觉能力落后的具体表现：

3个月左右，对任何声音没有反应。

充耳不闻，父母说的话像耳边风。

听他人讲解时显得不耐烦或东张西望，不等别人把话说完就打断别人。

平时和别人讲话很少有目光交流，严重的甚至眼神发飘，不敢与人正视。

喜欢自己看着读而不愿听别人读，一般是听知觉的辨别力稍弱。

上课时听不了几句话就开始走神儿、做小动作，常因外界的细微干扰而分心，听课常常听一点、漏一片。

听力完全正常，却听不清或记错老师布置的任务，老师口头布置的作业或其他事情常记不全或记不住。

孩子的听知觉能力落后，除了小部分听觉器官问题外，大部分都是听知觉辨别力、记忆力和排序力等方面欠佳。

（二）听知觉的训练方法

要让孩子听得清、记得牢，培养孩子的听知觉，建议父母从以下方面入手：

1.训练听知觉辨别力

通过让孩子倾听环境中的声音，或让他们听故事，分辨声音的高低、大小、不同的音色，辨别声源的方向，辨别相近的声音等活动，增强孩子听觉的分辨力。

（1）发现声音

和孩子做游戏。给孩子戴上眼罩，让孩子判断声音是从什么地方发出的，是近还是远，是重还是轻，是高还是低。家里如果有钢琴，可以用不同的力度敲击琴键，让孩子判断高音和低音。

（2）寻找声音

把一个音乐盒或小闹钟藏起来，让孩子根据物体发出的声音找到该物体。

（3）追踪声音

在安全地带，如广场，蒙起孩子的眼睛，大人移动时不断拍手铃或者摇拨浪鼓，让孩子追踪声音。

（4）捉迷藏游戏

在家里蒙上孩子的眼睛，根据听觉寻找藏起来的人。

2.增强听知觉的记忆力

（1）即时仿说

父母可以从简单的一个词开始让孩子模仿，然后逐渐增加到短语、句子，比如先让孩子模仿"爸爸""爷爷""商店""买东西"，再连词成句："我看见爸爸和爷爷在商店买东西。"除此以外，还可以让孩子仿说听到的故事，提高孩子的听觉记忆力。故事一开始不能太复杂，应该由简单到复杂，篇幅逐渐加长。

（2）事后复述

事后复述其实是训练孩子的听觉回忆。如告诉孩子一句简单的话，比如，"我们明天去逛公园"，隔1分钟后问孩子："妈妈刚才说的什么？"当孩子熟悉这项活动后可以适当延长回忆的时间，如5分钟、10分钟、半小时、半天、一天……再让孩子复述妈妈一开始所说的话。当孩子能将简单的话语记住后，可以适当增加句子的长度和内容的复杂性。

3.增强听知觉的排序力

（1）使用编序词语

教孩子了解并使用编序的用语，如"先""然后""最后"，然后练习一些简单的序列句子。比如，"起床后，我先穿衣服，然后刷牙，最后洗脸"。

（2）多感觉强化

利用视觉—听觉—触觉等多种感觉的结合，加强听觉顺序能力。比如，让孩子对照故事发展的图片来听故事，听完故事后，让孩子练习将故事发展的图片排成正确的顺序。

二、视觉敏感期——呵护孩子最重要的感觉通道

视觉是人最重要的感觉通道，对孩子而言，视觉发展对智力的发育尤为重要。在成人的世界里，约80%的信息是通过眼球的视觉感受传送给大脑的；对于婴幼儿来说，视觉的作用更为巨大，因为成人有时可以通过语言听觉获取信息，而婴幼儿很难做到这一点，他们更倾向于视觉这种直观的感官系统，对语言信息的接收和理解也需要视觉形象作为支撑。

（一）视觉发展规律与建议

视觉敏感期从出生开始，持续到6岁。父母应该根据孩子视觉发展的规律，结合科学的训练方法，对孩子进行视觉训练，让他们顺利度过视觉敏感期。

表1—2

年龄	视觉发展规律与建议
0—1个月	出生后即能够看见眼前的东西。 新生儿最佳视距在20厘米左右，相当于妈妈抱着孩子喂奶时，两人脸对脸的距离。 新生儿更喜欢对比度高、有明显的明暗分界线以及有弧线的中等复杂程度的图案，如白背景下的黑边线、曲线和同心圆式的图案等。父母可以为孩子准备黑白相间的小道具，比如，白底黑图卡、黑白靶心图案、黑桃花色、梅花花色的扑克牌、黑白条纹的衣服、黑白京剧脸谱等。
1—2个月	能看清眼前15—25厘米内的物体，太远或太近不能看清楚。 能盯住大人的脸，开始双眼协调运动。 当有物体很快靠近眼睛时，会出现眨眼等保护性反射。 能够用眼追随移动的物体。

续 表

年龄	视觉发展规律与建议
2—4个月	开始视觉集中，注视地看。 能看清大约75厘米远的物体。 两眼会跟踪走动的人，能较顺利地追视物体。 喜欢看明亮鲜艳的颜色，偏爱的颜色依次为红、黄、绿、橙、蓝等。做视觉训练时，可以在孩子仰卧位，在其胸部上方30厘米左右用玩具，最好是红色或黑白对比鲜明的玩具来吸引孩子的注意，并训练孩子视线随物体做上下、左右、圆周、远近、斜线等方向运动，以刺激视觉发育，发展眼球运动的灵活性及协调性。
4—6个月	可以准确看到面前的物品，还会将其够到或抓起，在眼前玩弄，手眼开始协调。 能对近的和远的目标聚焦，眼的视焦距调节能力已和成人差不多。 能认出熟悉面孔，视野发育更加完善。父母可以用一束细小的光线一会儿靠近孩子，一会儿远离孩子，让孩子用眼睛追逐光线。
6—8个月	开始出现视深度感觉。 能辨别物体的远近和空间。 视点能从物体转向物体，能捡起失落的物体，眼球能自如移动。 观察运动物体并能快速追视。这时候可以多和孩子玩"躲猫猫"游戏。
8—12个月	视力很好，转眼自如，视线能随移动的物体而移动。 能追随落下的物体，寻找掉下的玩具。 会观察物体的不同形状。 视功能充分发展，可以玩积木或组装物体。

续 表

年龄	视觉发展规律与建议
1—2岁	能区别物体。 喜欢看图画书。 会模仿动作，如模仿敲打与行为表演。 能看见细小的东西，如爬行的小虫、飞着的蚊子，能注视约3米远的小玩具。
2—3岁	远距离视觉发展。 能指认出喜爱的颜色，视觉记忆力增强。 能分辨简单的几何图形，如圆形、长方形、三角形。 视觉发育最为旺盛，接近成人视力。
3—4岁	依形状进行分类；开始有数量概念；可玩简易拼图、走迷宫等益智玩具。 各种眼部生理反射形成并趋于稳固。
4—5岁	手眼协调能力增强，会做涂色、剪贴等手工。 喜欢观察外围的人——父母、老师、同龄人、陌生人等，默默模仿其言行。此年龄段是学习视动协调整合的阶段，奠定操作能力。
5—6岁	临摹抽象图画，写字，阅读。 进入成人的视觉，但立体视功能到9岁才正常。

（二）视知觉不足的特征

小时候总是倒着爬。

分不清左右，经常把鞋穿反。

特征相似不易区分，拼音"b、d""p、q"经常搞混。

数字3、5、7会左右颠倒过来写，常把6和9、2和5等认反。

难以进行视觉细致比较，不能直观评价大小或长短等。

不能辨别简单的形近字，如"由"和"田"、"人"和
"入"等。

分不清"田"字格的左右、上下方位。

对图形观察不仔细，不能按照正确的答案找出对应的数量。

不能指认出父母的电话号码。

当孩子出现以上这些表现时，说明孩子视知觉存在一些不
足。视知觉能力不足，需要及时训练提高，否则孩子入学后在
学习上就会出现困难："上"和"下"、"左"和"右"、"手"和
"毛"分辨不清；混淆数字，数学竖式对齐总出错；读书跳字、
跳行；缺少空间感，不能把字写在格子里；写作业丢三落四、拖
拖拉拉；做起应用题非常困难；无论做作业还是考试，都会出现
一些无厘头的错误……

遇到这种情况，老师或父母如果判定为"马虎"，那就错
了，如果再指责孩子的学习态度，那更冤枉孩子。不仅如此，这
样的孩子还可能被扣上"多动症""捣蛋鬼""笨"的帽子。这对
孩子来说很不公平，只能给孩子造成更大伤害，让问题变得更加
复杂。

视知觉发展不足的孩子，父母需提高警惕，要早诊断、早训
练，否则后期发展为视觉障碍会给孩子和父母带来更大的苦恼。

（三）视知觉的训练方法

找到造成孩子视知觉不足的原因。先天原因可能是：胎儿
八九个月时，妈妈的运动不足，遛胎少，影响了胎儿前庭平衡系

统的建立与学习，所以我们提倡，这个时期的准妈妈们要适当遛胎。遛胎就是准妈妈在胎儿八九个月的时候，通过走走停停的方式，带动胎儿在子宫内轻微撞击，给胎儿做触觉训练，从而增强孩子出生后的触觉和运动能力。胎儿在妈妈体内得到的平衡感、前庭觉和本体觉锻炼就越多。视知觉发展不足和后天更有关系，例如：

出生后视觉经验的剥夺。婴幼儿早期视觉能力发展与足够的视觉信息刺激密不可分。一个两岁的孩子可能因为出生后一只眼睛轻度感染，被绷带缠了两周时间，这只眼睛在这段时间无法接收外界的任何信息，虽然从生理上看那完全是只好眼睛，但之后却永远看不见东西了。

被动吸烟。婴幼儿的眼球正处于发育期，烟草中的毒性氰化物会影响孩子视神经的发育。

长时间看屏幕。孩子一直盯着电视、电脑屏幕，不仅会使眼球运动减少，还会使眼球充血，出现眼球干燥，甚至导致眼球视网膜的感光功能失调，造成植物神经紊乱等。

错误的教育方式。孩子因视知觉不足而表现得不够好时，父母马上指责"你能不能看仔细点啊？""你长不长记性啊？"，这些消极的评价对孩子的行为问题会起到强化作用，孩子会以为自己很笨，从而进一步抑制视知觉的发展。

（四）如何提升孩子视知觉

如果孩子视知觉发育不好，则需要对孩子进行视知觉能力训练来改善视知觉不足的问题，并进一步发展视知觉能力。那如何提升孩子的视知觉呢？

培养孩子的视觉注意力。妈妈手拿色彩鲜艳的铃铛等响铃玩具，转头看仰卧在床上的孩子，先在孩子面前摇响玩具以吸引孩子的注意，然后拿着响铃慢慢地左右移动，使孩子的头跟随眼前移动的玩具而移动。

培养孩子视觉追踪能力。让孩子仰卧在床上，妈妈用手电筒照天花板，并用手指向照亮的地方，逗孩子看。等孩子发现亮光后再移动手电筒光，让孩子的视线跟着光线移动，培养孩子的视觉追踪能力；也可以跟孩子玩"躲猫猫"的游戏，当孩子被抱着或躺着的时候，自己用手遮着脸，然后一下拿开，露出微笑，并一边做一边说："呀！找到宝宝啦！"

培养孩子颜色分辨能力。等到孩子稍微大点，可以让孩子闭上眼睛，说出爸爸、妈妈穿戴的衣帽、鞋袜等是什么颜色。为了增加孩子对游戏的兴趣，也可以请爸爸或者妈妈闭上眼睛，说出孩子穿戴的衣帽、鞋袜的颜色。

涂颜色。拿一幅有色图形、一幅无色图形，让孩子对应涂色。

回忆图画。先看一幅简单的几何图形1—3秒，然后在不看图画的情况下把图形画出来。随着几何图形的难度加深或呈现时间的缩短，孩子瞬间视觉记忆能力将会得到极大的提高。

手眼配合。在家和孩子玩抛气球的游戏，熟练后再过渡到小空间，比如左手拿一个适合孩子抓握的球（如乒乓球或网球），抛起球用右手接住，然后右手抛左手接。

视觉定点。准备废旧报纸和塑料篓或桶，爸爸或妈妈示范揉搓纸团，即用废报纸抓在手里将其揉成团状，让孩子动手做纸团，父母可以指导孩子揉搓。爸爸妈妈示范把纸团扔入塑料篓，之后让孩子来投，观察孩子投球情况，随时调整塑料篓的距离，孩子投中后一定不要忘记表扬他；如果没有投中，爸爸妈妈就要及时给予鼓励，让孩子多练习。

特征区分。准备孩子认识的小动物玩具，如小猫、小熊等4种。在桌子上放上这些玩具，请孩子依次指认，并说出它们的名称。让孩子闭上眼睛，妈妈说"小动物出去晒太阳啦"，然后悄悄拿走一个玩具，请孩子睁开眼睛看一看，说说什么动物去晒太阳了。

视觉记忆。玩扑克牌游戏。父母可以随便选4张牌，一线排开，让孩子仔细看一段时间并记住，15秒后收走，然后让孩子依次排出；或者将其中的两张变换位置，让孩子说出来，之后可适当加大难度。

三、触觉敏感期——开发孩子探索世界的方式

触觉是婴儿探索世界最初的方式，对于孩子而言，触觉是极为重要的。孩子出生后就有触觉反应，比如，妈妈的乳头接触到孩子的嘴或面颊时，他就会做出觅食和吸吮动作；物体触到他的手掌，他就会握住；抚摸他的腹部、面部等，他就会停止哭泣，等等。4—5个月大，孩子视触觉协调能力发展起来，他可以有意识地够到物体，并通过触觉来探索外在世界。

一旦触觉功能失调，会给婴幼儿造成很大的影响。触觉功能失调的孩子会给父母很难带的感觉，如果父母找不到"难带"的原因，往往给父母很大的困扰。

（一）案例解析：孩子的触觉功能

3岁的小姑娘乐乐清秀可人，除了愿意让爸爸妈妈抱抱、亲亲外，对别人的爱抚一概排斥。当妈妈给她洗澡、洗头的时候，乐乐不停地哭闹，还把妈妈的脸和头发乱抓一气。这种情形还有很多，一旦身体接触，乐乐就像个小刺猬，总是极度反抗，碰摸不得。

4岁的男孩齐齐，吃饭时撒落在桌子上和地上的饭粒比吃进嘴里的还多，手里拿的东西也总会掉在地上，喝牛奶时常常打翻杯子。妈妈在帮齐齐穿脱衣服时，看到他手臂和腿上有瘀青伤痕，但是，从未听他喊过疼。有一次妈妈看到齐齐不小心被小刀切到了手指，鲜血直流，齐齐却一副若无其事的样子，妈妈这才开始怀疑齐齐的触觉有问题。

这两个孩子对触觉刺激的反应为什么和一般孩子有如此大的不同？一个极为敏感，一个毫无反应，实际上，这些都是触觉功能失调的表现。

（二）触觉发展规律与建议

触觉是人类生存所需要的最基本、最重要的感觉之一，既是孩子在成长过程中探索环境的重要中介，也是保护身体免受伤害的重要防线。在触觉中，对孩子心理发展作用最大的是口腔触觉和手的触觉。

表1—3

年龄	触觉发展规律与建议
0—3个月	可以透过触觉细胞密布的嘴唇寻找乳头，以得到食物营养。 喜欢吸吮奶嘴或手指来舒缓情绪，获取心理安全感，同时，透过口腔内丰富的触觉细胞，帮助认识自己的身体及外在环境。 婴儿面颊、口唇、手指或脚趾等处对触觉很敏感，父母可利用手或各种形状、质地的物体进行触觉练习；光滑的丝绸围巾、柔软的羽毛、棉花、梳齿、粗细不同的毛巾或海绵、几何形状的玩具，均可让孩子产生不同的触觉感，多触摸不同材质的物品有助于发展孩子的触觉识别能力。
3—6个月	会主动伸手抓住逗引他的东西。 对人的抚摸和拥抱很敏感，陌生人和孩子互动，孩子明显不喜欢，而爸爸妈妈的拥抱会让孩子感觉安全舒服。 父母抱孩子的时候轻柔些，可以多让孩子抓各种各样的东西，以培养手的抓握能力，比如让他抓一抓丝绸、羊毛、棉花、缎子、海绵、餐巾纸等。在孩子手够得着的地方挂上玩具，引导他伸手去抓。
6—10个月	看到东西伸手就去抓，不管什么都会往口里放。 手的动作从被动到主动，由不准确到准确。 能用眼睛寻找从手中掉落的东西；手上拿着一根棒去敲打另一个物品，尤其喜欢敲打能发出声音的玩具。 这个时候孩子触觉持续发展，父母千万不要嫌孩子闹腾，要让他多去感触，即使敲打、摔坏什么东西也不要责怪他。
10—12个月	孩子的手指会更加灵活，如果玩具掉到桌下面，还会去寻找掉下去的玩具。

续 表

年龄	触觉发展规律与建议
1—2岁	孩子仍在口腔敏感期，拿了东西还是会放入口中，但是与婴儿阶段不同的是下一步就用手去把玩、用眼睛去观察，所以手指尖的触觉辨识能力开始增强，对口腔的触觉依赖则逐渐降低。 这时候要多鼓励孩子进行手指尖触觉开发，多给他玩具、轻柔的物品，让他去感触；同时鼓励孩子多观察，用触觉和视觉进行脑力开发。
2—3岁	进入孩子的肛门期，对自己排泄器官的触觉信息开始敏感，想排便时会下意识地用手触摸排泄器官，解便的过程会让孩子感到快意。 父母注意观察孩子的变化，不要一看见孩子触摸排泄器官就伸手阻止。
3—4岁	孩子的触觉兴趣从自己的身体转移到手部，在各式各样的视觉物品下，喜欢动手东摸西摸来认识环境中的人、事、物。 喜欢用手，触觉逐渐稳定，美术、手工艺活动可以提供手部良好的触觉刺激，同时增进精细动作的协调能力。
4—5岁	孩子喜欢动手探索各类物品与工具，如剪刀、小刀、筷子，使用工具要难于徒手玩耍，工具的使用会增加孩子的兴趣。 父母在这个阶段要注意，一方面需要让孩子去探索，另一方面也需要孩子在玩耍工具时注意安全，尤其是手指和眼睛。
5—6岁	此阶段左右手开始逐步有侧重，玩耍时偏向于一手为主要操作，一手辅助，日常生活中有难度的操作也想要自己做。 这个阶段可以教孩子自己扣扣子、系鞋带，注意不要只讲，要亲手示范，让孩子去感受。

对于孩子的触觉，不少父母会不以为然，认为等孩子长大了，触觉自然也就成熟了，因而忽视了触觉在孩子成长中所具有的重要性。开头提到的两个例子中，乐乐和齐齐就属于触觉功能失调症状。

（三）触觉功能失调类型

触觉功能失调一般分为触觉敏感和触觉迟钝两种。

小姑娘乐乐属于触觉敏感型，触觉敏感型的表现很多，有的时候会表现出敏感暴躁的特点，一般对外界的新刺激适应性弱，喜欢熟悉的环境和动作；不喜欢他人随便触摸；任何细微的刺激都会引起反应；人际关系冷漠，常陷于孤独之中；害怕拥挤，拒绝排队；胆小、害羞，缺乏自信；不喜欢碰触某些粗糙的衣料或物品，怕风吹；常拒绝理发、洗头或洗脸；人际关系紧张，注意力不集中等。有触觉敏感型困扰的孩子个性孤僻，不合群；在团体中也很难交到朋友，容易与人发生冲突争吵，攻击性强。

而男孩齐齐属于触觉迟钝型，触觉迟钝的孩子一般反应慢、动作不灵活、笨手笨脚；学习积极性低，学习吃力；黏人，喜欢搂搂抱抱，需要父母特别多的抚摸；细微分辨能力差；意外碰伤或流血时，自己常未察觉，等等。

这种影响还会随着孩子成长逐渐扩大，影响其他方面。乐乐和齐齐在以后的成长中可能会表现出注意力难以集中，情绪不够稳定，容易与人发生冲突，以至于人际关系紧张等种种情况。

触觉功能失调有先天原因和后天原因，例如，羊水过多或过少、剖宫产、非母乳喂养、触摸不足等。触觉失调的孩子智力正常，很难引起父母的重视。12岁以前可以通过感觉统合训练来纠正，超过12岁就会定型，将影响孩子的一生。感觉统合训练不只是针对感觉统合失调严重的孩子，表现正常的孩子也可以参加，从而更好地发展孩子的触觉。

（四）改善孩子触觉失调的小方法

及早重视。触觉训练应从孩子一出生就开始，父母对孩子要多爱抚、拥抱，不能图清静省事，交给老人或保姆而自己较少参与养育。父母可以经常轻柔地捏捏挠挠孩子的小脚、小手、小耳朵、小脸，摸摸孩子的身体，根据孩子的大小以适当的力度将孩子抱在胸前，这些都是非常好的促进孩子触觉发育的方式。现在月嫂培训中心都会对月嫂进行抚触操的培训，父母可以向月嫂学习抚触操。抚触操建议由父母亲自操作，一来训练孩子的触觉能力，二来增强亲子关系。

尽可能母乳喂养。母乳喂养可使孩子的嘴唇感受母亲的乳头，面部贴着母亲的乳房，闻着母亲身上熟悉的味道，全方位地训练多种功能。迫不得已用奶粉喂养时，不要带着紧张的心情，也不要不断催促孩子。

不要限制孩子用口腔探索。孩子在两岁前爱吃手、咬东西、扯毛巾等，抓到什么吃什么，甚至是垃圾。这些行为都是正常的，不要限制孩子，只要把孩子能接触到的物品做好消毒清洁卫生即可。

锻炼孩子的触觉刺激。孩子的背部、腹部、腕部、面部、手、脚都比较敏感，可选用干毛巾、丝绸、软毛刷、天鹅绒衣服等，轻擦这些地方。一般来说，触觉刺激对神经系统产生影响时间约在刺激30秒以后，时间越长效果越好，但要根据孩子的耐受程度加以确定。当刺激物较为适宜、恰当时，则可能具有促进感觉系统合成的作用；否则当刺激物过于强烈、异常时，可能会对孩子感觉系统起到破坏作用。

用爬行促进触觉发育。在地板上铺上不同材质，比如塑胶、布料、木地板、蓬松棉等，为孩子提供一个爬行的小环境，让孩子在爬行的过程中促进触觉的发育；同时可做一些动作，如让孩子在地毯上双手抱头，向左右两个方向滚动，或者进行前滚翻和后滚翻，对触觉、动作平衡、协调都有帮助。

强化身体各部位的触觉感受。找一条略微粗糙的大毛巾，将孩子整个卷起来，再轻轻滚动或下压，也可用双手轻轻抱紧孩子身体的各部位，强化各部位的触觉感受。大一些的孩子可以进行袋鼠跳、水中活动等，这些活动可以很好地强化身体各部位的触觉感受，这样的触觉训练可以持续到孩子12岁。

借助道具提升触觉感受。多让孩子玩土、泥巴、沙子、石子、水等；也可用带突起的小刺球在孩子身上滚动或敲打，四肢和前胸可以由孩子自己来完成，后背则由父母辅助进行。

（五）案例解析：什么东西都喜欢往嘴里放的口欲期

10个月大的奇奇喜欢坐在玩具堆里玩得不亦乐乎，抓住什么就放到嘴里又啃又咬，口水流得老长，无论是硬的还是软的他都用嘴尝个遍，感觉什么都很好吃，什么都可以吃到肚子里。

为什么孩子喜欢用嘴尝各种东西？比如喜欢吃手。对于刚出生的婴儿，唯一能使用的"工具"就是嘴。口的敏感期出现于孩子出生三四个月之后。孩子天生具有吸吮与抓握的能力，这就意味着孩子最先使用的嘴比其他的器官更加敏感。当孩子第一次将手无意间伸到嘴里后，由于吸吮手指带来了精神愉悦，孩子就会无意识地练习将手送到嘴里，之后发展到抓到东西也能够熟练放到嘴里。这个时期的孩子急切地用他的舌头和嘴唇去感受事物，凭借来自舌头的味觉和口腔的触觉，感受环境中每样东西的特质，以便寻找采取行动的方法。

吃手是婴幼儿智力发展的一种信号。对于2—3个月的孩子来说，吃手标志着其心理发育进入一个新阶段，手指功能的分化和初期的手眼协调，是智力发展的重要阶段。此时手是宝宝最好的玩具，同时吃手能安慰宝宝的情绪，父母若能细心观察就会发现，当自己的孩子感到不安、烦躁、紧张时，常有吃手的动作；有的孩子在浅睡状态时，也会用吮手指来寻求自我安慰而重新入睡。在心理学意义上，吮吸手指可以得到心理上的满足，确保孩子获得身体和情绪的快感。

对于口唇探索，父母不用过度担心，1岁前孩子"吃手"是正常的生理行为，尤其是2—6个月大时，孩子吃手是必要的。父母要做的是经常帮孩子洗手，保持孩子的手部卫生，以防细菌入侵引起孩子的胃肠道感染。

6—8个月大时，从手指到玩具，这个阶段要转移孩子的注意力，让他"吃"玩具。要为孩子提供安全卫生的玩具，玩具应该无铅无毒，而且要经常清洗消毒。尽量让玩具材质丰富，比如木质的、塑料的、布艺的等；也可以选用牙胶和磨牙棒，既能磨牙也能锻炼口腔触觉。有一点家长们需要注意，玩具要经常检查，防止脱落的部分让孩子误吞。

8个月后孩子开始进入过渡阶段，逐步去发掘手指触觉。用嘴玩玩具的次数减少，开始多用手玩玩具。遇到不认识的玩具偶尔用嘴去探索。1岁内的孩子不吮吸手指反而不正常，如果自己的孩子遇到这种情况，父母可以试着帮助孩子尝试，把手轻轻拿到孩子嘴边，让他吮吸。

1岁以后的孩子，如果过渡得好，吃手的频率开始下降。有的孩子保留了一些吃手习惯，不会一下子改掉，而是偶尔还要吃几下。如果是这种情况，父母可以通过转移孩子的注意力来降低吃手的频次，而不是强行阻断。但1岁以后，如果孩子继续吃手，且吃得挺厉害，甚至出现咬指甲、咬被角、咬衣服袖口的现象，就需要引起父母的关注了。这是什么原因造成的呢？

（六）孩子频繁吃手的原因

孩子频繁吃手，大多数原因在于孩子吮吸的需求在1岁以前没有得到满足，也有少数是因为生活环境造成的。大致可分为以下几类：

没有满足孩子吮吸的需要。孩子在吮吸母乳时最容易得到满足感，孩子一般会用15分钟左右吃完奶，妈妈可以不急于抽出乳头，而是让孩子在吃完奶后延长3—5分钟，让他的嘴部"过足瘾"；如果是奶瓶，在现有的阶段换成小一号的奶嘴，流奶量小点儿，但要有个度，妈妈慢慢掌握。如果奶流太小，孩子最后吃不完累得睡着了就不合适了，所以要慢慢摸索，不仅让孩子肚子得到满足，嘴也要得到满足。

没有过渡好口腔期。如果口部没有得到充分满足，孩子大了，就会出现上述情况，甚至发展至成人也会出现咬指甲、咬嘴唇、咬腮帮子里的肉等现象，总之可能会转化成很多不同的习惯。父母要使孩子顺利补上口腔敏感期的缺陷，具体做法是给孩子提供可以咬、尝的东西，比如橡皮圈、软硬不同的食物、干净的不同质地的物品等，以满足孩子口腔的味觉和触觉。

孩子的情绪长期被压抑。幼儿时期的状态也会影响孩子的各种习惯，如果孩子长期无聊、孤独、压抑、焦虑，而父母又忽视与孩子的交流，孩子会由于缺少爱抚，以吃手的方式自我慰藉。父母一是要和孩子多交流、多玩耍；在孩子三四岁的时候，要多培养兴趣，像画画、弹琴、下棋、做游戏和其他体育活动等，转移孩子的注意力，让孩子把精力投入这些有趣的活动中，将吃手的兴趣慢慢转移。

孩子无意识行为与父母育儿观念发生冲突。在口腔敏感期，孩子和养育人时常发生冲突，父母想保持干净卫生，而孩子抓到什么都想往嘴里放。父母有可能最受不了的就是自家孩子吃手和乱咬东西，每当发现孩子这样做时就会把手和东西打掉，不让他咬，还有的父母会在孩子的手指上抹黄连。当父母不让孩子这样做时，他会感到难受，难受就要用哭闹来争取。如果父母不了解这些，一味责怪孩子，孩子又无法用语言来表达，只会更加苦恼。其实孩子做这些都是无意识的，一切也是符合他的触觉发育规律的。如果嘴唇的敏感期被强行干涉，孩子就会将口的行为的欲望压抑下来，长大后通过别的方式表达。比如有心理学家认为，成年后一些关于口的不良习惯如吐唾沫、啃手指头、吮嘴唇、吃零食、讽刺挖苦别人、对他人进行语言暴力等都有可能是之前口腔敏感期遗留下来的问题。

孩子缺乏微量元素。孩子如果体内缺乏微量元素，也会引发一些身体机能反应，如果其他方面找不到原因，可以考虑是否是缺乏微量元素导致的，可以带孩子去医院进行微量元素检查，若是因缺少微量元素引起，就要及时补充微量元素。

（七）手的探索也必将带动着脑的发育

父母可能会发现当孩子六七个月时，手会一刻不停地扔、抓、捏、摸、揪、拧、捅、按、插、撕……所有与手有关的事儿都爱干，最常见的就是给他一个东西，他立马给你扔掉，再给他时又给你扔掉。

那是因为孩子已经逐渐进入手的敏感期了。当他第一次把手伸进嘴里的时候，感觉的中心也从口转移到了手。手的触觉与口腔并不一样，而且用手感受要比口腔感受快捷广阔，之后，孩子急切地用手感受事物，这使他们所感受的事物范围扩大了许多。

逐渐地，用手探索世界成为他们最得力的工具，孩子稍大用手抓拿物品已成为再普通、再容易不过的行为，而对这个充满好奇心的探险者来说，整个屋子就是一个没有被探索的新大陆：把手是转动的，门是可以打开的，抽屉是往外拉的，垃圾箱是可以倒空的、遥控板是更神奇的……在孩子看来，走得到的一切地方、够得着的一切东西都是不错的游戏。

孩子每一次用手探索都预示着大脑发育的进程，也意味着孩子感觉系统的不断升级，以此构建出完整的感觉世界。同时也带动着孩子的思维世界，"心灵手巧""笨手笨脚"等词语都预示着手与脑之间有着密不可分的联系。大脑的发育可以使手的动作得到发展，同样灵巧的双手也能帮助大脑提升智力。所以有科学家认为儿童是用手来思考的，手的自由探索过程展现出的是儿童思考的过程。

一个简单的小动作可以调动孩子的所有感官，调动很多脑细胞。就拿撕纸这个简单的动作来说，孩子在撕纸的时候，是在进行一项完整的科学研究，孩子把纸片撕开后，很可能会设想纸是什么材料做的，再闻闻纸的气味，尝尝纸的味道，然后把纸片在空中摇一摇，听一听纸片会发出怎样的声音。这套动作会调动起孩子所有的脑细胞，也调动了触觉、嗅觉、味觉、视觉，所以孩子玩耍时一定不要一味阻止，不仅要尊重，还要鼓励孩子的科学探索。

事实上，每个健康的孩子与生俱来就有一种用自己的双手反复探索并体验外界的本能。抓沙也好，拍打也罢，这都是孩子与环境的真实连接。他们试图通过自己双手的探索来协调大脑和身体之间的关系，发现外在的世界并构建自己最初的认知体系。所以，在手的敏感期，我们不应该阻止几个月的孩子玩手指，不让一两岁的孩子去玩沙子和水，这样做只会破坏孩子大脑的建构程序，给孩子的认知造成混乱。

当孩子手的敏感期发展与成人的世界发生冲突时，父母要多去理解孩子触觉发展的天性，不要过分去指责一些破坏和杂乱。父母应当尽量给孩子提供各种便于抓握的玩具和实物，如软的、硬的、热的、冷的、方的、圆的、光滑的、粗糙的、固体的、液态的等，通过手的触摸感觉提高孩子触觉能力的发展。不要觉得孩子调皮或者不听话，他们这个阶段感受范围扩大，对周围的一切都充满了好奇，很可能会把妈妈很喜欢的一条丝巾拉出来，不断地在地上拍打，去感受那种柔软的感觉；会把香蕉抓捏得稀烂，去体会那种黏糊糊的感觉；如果捏碎了一颗鸡蛋，发现这个圆圆的蛋壳里有一些黏糊糊的东西，就会在感受完第一个之后再去感受第二个……我们成年人觉得不好玩的东西在他们眼中玩起来兴趣十足，我们要去适应孩子的成长阶段，让他充分感受这个世界。

如果有可能，还要尽可能去扩充孩子动手活动的材料，如废报纸、用完的化妆品瓶子、小型工具等，让孩子自主地发展手的功能。不要怕麻烦，不要怕乱，给孩子充分的自由，让他们快乐地用手去探索这个世界。

四、味觉、嗅觉敏感期——妈妈体香带来的安全感

（一）味觉、嗅觉发展规律与建议

表1—4

年龄	味觉、嗅觉发展规律与建议
0—1个月	新生儿的嗅觉和味觉都已经有了相当的发展，对气味开始有好恶反应。 新生儿有味觉差异，虽然一般都偏爱甜味，但女婴比男婴更喜欢甜味。 对妈妈的体味会产生强烈的安全感。妈妈的乳汁是孩子的人生品尝的第一种食物，在吸奶的同时，感受到妈妈身体的温暖与柔软，由于婴儿的视力不好，更需要依赖嗅觉感知母亲的存在，嗅着母亲的体味，在熟悉、安适中，香甜地进入梦乡。
1—2个月	可区分酸、甜、苦、辣、咸五味，对刺激的气味会产生排斥反应。 随着孩子的逐渐成长，母亲不再时时刻刻待在身旁，婴儿如果在召唤、等待母亲的同时会发现盖在身上的毛毯，它的气味及触感能让自己感到舒畅，从此这条毛毯便会成为小宝宝的依恋物。

续 表

年龄	味觉、嗅觉发展规律与建议
2—3个月	能辨别不同味道，并表示自己的好恶，遇到不喜欢的味道会退缩、回避。 父母可多训练孩子的味觉感受，如吃饭时，用筷子蘸菜汁给孩子尝尝；吃苹果时让孩子闻闻苹果的香味，尝尝苹果的味道；洗澡时，让孩子闻闻肥皂的香味；用奶瓶喂奶时，让孩子用手感受一下奶瓶的温度，等等。这些都有助于孩子嗅觉或味觉的发展。
3—6个月	喜欢尝试，想把所有东西放到嘴里，借由舌头学习与物品间的关系。 对食物的微小改变能够感应。
6—9个月	味觉处于极为发达的状态，6个月之后最为发达，过了婴儿期会慢慢衰退。
9—12个月	分辨气味的能力进一步提升，表现出对甜味、咸味的偏好。
1—2岁	很依赖妈妈的味道，妈妈不在身边，孩子觉得孤单、委屈。 妈妈们可以借孩子的依恋物，比如熟悉柔软的手帕、毛毯等让孩子得到片刻慰藉；同时可用新鲜的蔬菜水果或烹调过的食物引导孩子去品尝，有计划地扩展喂养孩子的食物种类。
2—3岁	消化系统逐渐增强，可以多给孩子吃温热的食物（少吃生冷的食物），进而引发孩子的食欲。
3—6岁	此阶段孩子成长很快，需要丰富的营养提供能量，多做一些健康营养的辅食，鲈鱼、虾、鳕鱼等可以交替烹饪。 容易受广告影响，吵着要吃超市零食。要注意，一旦孩子习惯吃重口味的食物，就会越吃越甜或越咸，长此以往，将对健康造成很大的伤害。

孩子的味觉、嗅觉，在6个月至1岁这一阶段最灵敏，因此，这个时期是添加辅助食品的最佳时机。通过给孩子品尝各种食物，让他体验从流食、半流食到固体食物的适应过程，可促进他的味觉、嗅觉及口感的发育。及时添加辅食的孩子到1岁左右就能很轻松地接受多种口味的食物，断奶也会比较顺利。

（二）合理的辅食建议

吃辅食的时间，应该不早于4个月，不晚于6个月。虽然很多机构都建议孩子满6个月开始添加辅食，事实上，辅食添加并不是一刀切，一般而言，辅食的添加时间不早于4个月，所以建议最晚不晚于6个月。如果妈妈们想早点添加辅食，那看看孩子是否同时达到以下几种情况：

能够吞咽勺子中的食物，如果孩子把食物用舌头顶出来或者弄到嘴唇外，说明他可能没有足够的吞咽能力；可以很好地支撑起头部，在4个月以后可以长时间地抬头；能靠在餐椅中坐好，往往在6个月以后才能独立坐着；经常专注地观察你的食物，并且表现出很想吃的样子；当宝宝的体重达到出生时的两倍，同时满足体重超过6公斤，也是添加辅食的标志之一。

刚开始尝试添加辅食时，建议选择孩子清醒且平静的时候，不能太饿，否则孩子会不耐烦。添加的频率可以每天1次，吃完辅食后可以喂些奶。随着孩子对辅食逐渐适应，可增加辅食的量，独立成一餐，然后慢慢增加辅食的次数。

辅食建议以含铁的泥状食物开始，孩子在4—6个月的时候，体内的铁基本用完了，所以从富含铁的泥糊状食物开始，既符合孩子身体的养分需求，也容易吸收。第一口辅食建议强化铁的配方米粉，按照我们的饮食传统，第一种通常添加的是谷物，而且相比于肉类，谷物更易消化，致敏性也更低。当然土豆泥、香蕉泥也是很好的选择。大体按照以下的规律：6个月细腻的泥糊状；7—8个月较稠的泥蓉；9—11个月颗粒状食物，如菜肉粥，1—1岁半软饭、切碎的肉和菜；1岁半—2岁则可以吃略微切碎的家常菜了。

在给孩子添加辅助食品的过程中，如果妈妈一看到孩子不愿吃或稍有不适，就马上心疼地停止喂养，甚至不再给他添加辅助食品，那就会使孩子错过味觉、嗅觉及口感的最佳形成和发育期。不仅导致孩子将来断奶困难，还有可能让他日后患上典型的厌食症。如果妈妈能够在孩子味觉、嗅觉敏感期适时地给予他各种味道的食品进行尝试，就能培养他良好的味觉及嗅觉感受，防止他日后偏食、挑食。

（三）味觉、嗅觉的训练

味觉和视觉、听觉、触觉等一样，是孩子感知觉发育的重要组成部分。味觉发育敏感期发生于出生后6—12个月，特点是孩子自己的口腔可以感觉到甜、咸、酸等，同时开始影响嗅觉的发展。处于味觉发育敏感期的孩子对味道有极大的兴趣，让孩子品尝各种食物的味道，不但能够促进感知觉发育，更是培养良好饮食习惯，避免日后出现食欲不振和偏食的重要措施，也是建立良好饮食行为的关键期。

6个月以后，可以给孩子尝一尝甜的、酸的、咸的食物，同时，可有目的地鼓励孩子去品尝不同的味道，并在训练的过程中用一定的语言进行强化，比如，问孩子"酸不酸""脆不脆"等等。

味觉发育这个关键时期如果"吃"没有训练好，会造成孩子咀嚼能力下降，使喂养困难，甚至出现拒食、厌食、偏食。幼儿不能摄入充分的营养素，会造成营养不良。孩子在4—6个月时，添加泥状食物是从液体食物到固体食物的必经阶段。

孩子味觉敏感期的味蕾敏感度高，所以妈妈要做好孩子拒绝吃的准备，一旦孩子不接受准备的食物，妈妈可以在孩子看着的情况下吃掉它，并表现出开心快乐的样子，几次之后，孩子会产生好奇心，不会那么抵触。但妈妈心里应该明白，孩子不太喜欢这个味道，以后在添加辅食时，这个味道的东西要少一点，就是孩子想吃，也要让他有种意犹未尽的感觉。

在孩子不愿意接受一种味道的时候，切记不能批评孩子，因为批评只会让孩子更加抵触，最终对这种食物产生厌恶的情绪，可能今后都不愿意尝试这个食物，所以要多鼓励孩子尝试。如果孩子真的无法接受，妈妈可以考虑用其他食物替代，等过段时间再给孩子尝试。

五、空间敏感期——征服每一个自己可以到达的地方

（一）案例解析：孩子对空间的探索

靖靖两岁了，经常推着家里的转椅冲到这边、冲到那边；在床上、沙发上爬上爬下，跳来跳去；家里的各个角落——桌子下、椅子下、门背后、橱柜里、衣柜中……每个能够到达的地方都会爬进去玩。妈妈下班回来打不开家门，发现锁孔里塞着东西，好不容易费尽力气拿出来；去卫生间洗手，又发现洗手盆下

面的角落里躺着几块小积木和一串钥匙！不用说，这又是靖靖的杰作。

其实，靖靖的表现很正常，这是孩子的空间敏感期到了，孩子的空间知觉将在这个时候得到极大发展。空间知觉是物体的形状、大小、远近、方位等空间特性在人脑中的反映。孩子的空间敏感期是从0—6岁持续发展的，从孩子会爬的时候就已经表现出来。当孩子到了两岁左右，对空间的探索表现出异乎寻常的热情，试图运用肢体征服自己能到达的每一个地方。

（二）多种多样的探索行为

孩子进入空间敏感期，会出现多种多样探索空间的行为：

喜欢一下子从一处跳到另外一处。喜欢爸爸妈妈举高高，一边举一边笑；喜欢从高处往下跳，比如从沙发上、台阶上、窗台上、护栏上这些有一定高度的地方往下跳。

观察物体之间的距离。孩子会发现物体和物体之间是分开的，是有距离的，所以会不顾妈妈的警告，自顾自地扔东西，如果妈妈捡起来，他就再扔出去，一遍又一遍，玩得很开心。

喜欢圆形物体。对于有孔的物品，总是喜欢拿小的东西去塞住小孔或者把小指头塞进去再拿出来；对于带盖子的瓶子，孩子会不断地把盖子拿掉，再盖上。

喜欢玩叠东西的游戏。除了搭积木外，孩子还喜欢拿各种东西垒高楼，有时候甚至拿小板凳一个个地垒起来当火车头推着玩儿。

喜欢让爸爸妈妈找自己。喜欢钻进不同的空间躲猫猫。孩子常常钻到桌子底下、椅子底下、门背后玩儿，甚至钻进大衣柜里，然后让爸爸妈妈来寻找，玩躲猫猫游戏。

喜欢体验空间的不同替换感觉。对爬窗台、爬桌子、爬楼梯、爬栏杆产生浓厚兴趣。除了攀爬，孩子常常会缠着大人和他玩转圈的游戏，或者自己围着大人转圈，或者干脆自己站在地上以自己为中心转圈，直到眩晕为止，转完之后就开心地咯咯笑。

（三）多种多样的空间知觉

空间敏感期的这些行为，发展的是孩子的空间知觉，空间知觉主要包括形状知觉、方位知觉、距离知觉等。

形状知觉。孩子的形状知觉发展得很快。出生不久的婴儿已能对不同图形做出不同反应，偏爱复杂图形胜过简单图形，比如，对有条纹图形的注视时间比无条纹图形的长，对立体图形的注视时间比平面图形的长，等等；更愿注视人面图形；偏爱曲线胜过直线。通常3岁的幼儿能区别一些几何图形，如圆形、正方形、三角形等；发展至4岁到4岁半是辨认几何图形正确率增长最快的时期，5岁的孩子能正确辨别各种基本的几何图形。

方位知觉。即辨别上、下、前、后、左、右、东、西、南、北、中的知觉。孩子方位知觉的发展趋势是：3岁能辨别上下，4岁能辨别前后，5岁能以自身为中心辨别左右方位，6岁的孩子虽然可以正确地辨别上下前后方位，但以方位的相对性来辨别左右仍感困难。因此，父母、体育老师等在活动中要用"照镜子式"的示范动作面向孩子，特别是在做系鞋带、学体操等较为复杂的动作面前，不要一味说左脚右脚，宝宝是很难分辨的，要示范性表示，如果想要孩子伸出左手，自己就伸出右手成为孩子的镜子。

距离知觉。孩子可以分清他们熟悉的物体或场所的远近，对于比较广阔的空间距离还不能正确认识。幼儿常常不懂得"近物大、远物小，近物清楚、远物模糊"等感知距离的视觉信号，所以在他们的图画中物体也是远近大小不分，不善于把现实物体的距离、位置、大小等空间特性正确表现出来，不能正确判断图画中人物的远近位置，比如认为图画中远处的树为小树，近处的树为大树。

如果在空间敏感期里受阻严重，这些空间知觉得不到发展，孩子以后可能会变得胆小怕事，甚至对探索不再感兴趣，也很难建立最初的自信心，而许多行为有问题的孩子，比如多动、焦虑、自闭，有不少就是因为他们的探索行动被严重阻碍而造成的。

（四）如何应对孩子对空间不敏感

没有很好地完成从仰卧到俯卧的抬头、从被抱到被背这两次空间转换：孩子百天后，父母要多为孩子做翻身抬头训练，多背一背、抱一抱，时间也不宜过长，每次5分钟左右即可，少用婴儿车长时间地推着孩子走。

没有经过爬行就会走路或者爬行很少：孩子在爬行训练中，爬得越多，越有利于其对空间关系的认知。

（五）培养孩子的空间感

很多爸爸妈妈在孩子的空间敏感期到来的时候，可能因担心孩子的安全或者怕孩子弄乱房间而限制孩子的活动——不许在床上滚，不许爬楼梯，不许从台阶上往下跳等等，这些担心实际上抑制了孩子的发展。国外科学家用视崖实验证明婴幼儿有自我保护能力，可以分辨一些动作是否危险。如果对孩子限制太多，会破坏孩子的自我保护能力，也让孩子害怕、退缩。

婴幼儿对于空间的认识，主要来自自己的探索，所以要鼓励孩子多活动、多操作。经常在滑梯上爬上爬下的孩子，自然知道"上面"和"下面"；经常从家里去小区玩的孩子很快就理解了"里面"和"外面"；经常有机会外出散步、参观的孩子，也会慢慢形成关于"路线"的意识……总之，孩子喜欢这儿看看、那儿摸摸，这儿爬高、那儿跳跃，父母要给孩子充分的自由，尽量让他去探索，把这种"好动"作为引导孩子探索空间的机会，而不要为了保证孩子的安全而限制孩子的活动。

其实在生活中可以多培养孩子的空间感，比如，让孩子把拖鞋放在"鞋架上"；把玩具放在"箱子里"；把杯子放到"桌子上"；告诉孩子拿筷子、拿笔的是哪只手；路上多让孩子注意"看看谁在你的后面""看看谁在你的前面"；带孩子散步、上幼儿园时，有意识地教孩子认路，记住路边明显的标志性建筑……

另外可提供一些可以扔或可以垒高的材料，能帮助孩子完成空间探索。扔的材料可以是皮球、珠子、沙包、飞盘等，垒高的材料包括积木、塑料瓶、盒子等。让孩子在扔、接和垒高中，发展空间智能。

父母如果有时间也可以多和孩子玩玩空间游戏，如：

眼睛鼻子在哪里。日常中可以多问孩子"鼻子在嘴巴的上面还是下面？""舌头在嘴巴的里面还是外面？""耳朵在什么地方？"……这些可以让孩子认识五官的位置和位置关系。

我是积木高手。多给孩子玩玩积木、拼图，可以选择不同形状、大小、长短、粗细、宽窄的积木，先让孩子学会观察做成东西的各种特征，如楼房、亭子、大桥的上下、中间、旁边等方位；去观察拼图中各个物体是怎样构成的，如动物脑袋在哪里？尾巴在哪里？脚在哪里？搭好后可以一起跟孩子述说各个身体部位所在的位置。

翻山越岭。为了锻炼孩子的空间感，可以在床上、沙发上、地板上放一些枕头、抱枕、毛绒玩具，让孩子尝试用各种方法翻越过去；爸爸妈妈还可以和孩子编一些故事，增加游戏的趣味性，这样既可以发挥孩子的想象力，又可以锻炼孩子的空间感。

夜晚来了。妈妈可以把床单、毛毯等展开，和孩子一起钻到床单下面，妈妈用手顶住床单，和孩子一起在床单下感受黑暗和空间受限制的感觉。

六、时间敏感期——我明天去过奶奶家了

对于婴幼儿而言，很难理解"时间"是什么，时间知觉是对客观现象的延续性、顺序性和速度的反映。

3岁前，孩子主要以"生物钟"等人体内部的生理状态来反映时间，如到点感到饿，就想要吃；到点就困，想要睡。3—6岁的孩子能够逐渐从内部感受延展到外界事物作为判断时间的工具。

3—4岁，孩子已有了一些初步的时间概念，但往往和他们具体的生活活动相联系。比如，他们理解的"早晨"就是起床、上幼儿园的时候；"下午"则是妈妈来幼儿园接自己回家的时候；

"晚上"则是刷牙睡觉的时候。有时也会用一些带有相对性的时间概念，如"昨天""明天"，但往往用错，比如孩子会说"我明天去过奶奶家了"，因为他们只懂得现在，很难理解过去和将来。

（一）案例解析：混乱的时间观念

3岁的丫丫在那里哭，妈妈跑过去问："宝贝，你为什么哭呀？"丫丫揉着眼睛说："我找不到小铃铛了，一定是明天丢的。"

4—5岁，孩子可以正确理解"昨天""今天""明天"这些词语的意思，也能运用"早晨""晚上"等词，但是对较远的时间，如"前天""后天"等还有些模糊。

5—6岁，孩子开始能辨别"大前天""前天""后天""大后天"，或者上午、下午，知道今天是星期几，知道春、夏、秋、冬。能学会看钟表，但对更短的或更远的时间单位，如几分钟、几个月就难以分清了。6岁孩子不能真正了解"一分钟""一小时"或"一个月"的意义。大部分孩子能正确了解一日之内的时间顺序要到5—6岁，等到7—8岁时对跨周、跨年的时序延伸认知能力才迅速发展。

在生活中，孩子使用时间词语呈现一定的阶段性，起初是使用不严格的时间词语，如"刚才""后来"等；然后是使用比较细化的时间词语，如"很早以前""昨天""早上""晚上"等；进而是使用一些有联系的时间词语，如"年""月""日""星期"等。到6岁，开始能使用一定的钟表言语，如"小时""分""秒"等。

进入幼儿园后，孩子的时间知觉会有一定发展。孩子会知道早上按要求到幼儿园；星期六、星期天不上幼儿园等。但幼儿时间知觉的发展水平比较低，原因是时间知觉没有直观的物体供大脑去直接感知，不像空间知觉那样，有具体的依据。另外，表示时间的词又往往具有相对性，这对于思维能力尚未发展完善的幼儿来说是较难掌握的。

幼儿在认识时间时，还常与空间关系混淆。曾有一个心理学实验，给学龄前孩子看桌子上放着的两个机械蜗牛，实验者让这两只蜗牛同时启动爬行，其中一只爬得快，另一只爬得慢。当爬得快的那只蜗牛停止时，慢的还在爬，到停止时也没有赶上快的那只蜗牛。这时测验发现，大部分幼儿都说爬得慢的蜗牛先停止，因为它走的距离短。这表明幼儿在反应时间时常常把时间与空间相混淆，用空间概念来代替时间观念。

7岁可能是孩子时间观念发生质变的年龄，小学生通过教学对时间的认知能力很快发展，因为上课他们会掌握"一节课"，而后是"一天""一周"。对于跟生活相关的时间观念，孩子最容易掌握。

（二）如何训练孩子的时间观念

幼儿对时间的理解存在着很大的困难，父母可能会感觉最难向孩子解释清楚的就是时间的概念。在掌握了幼儿时间认知的规律后，根据孩子的心理特点进行教育，能收到事半功倍的效果。

建议先用具体时间代替抽象时间。比如不说"1点钟去超市"，而告诉孩子"吃完午饭我们就去超市"；不说"今天"之前是"昨天"，而说"昨天"就是"去爷爷家的那天"，"明年"

就是"要上中班的那年"……这样能更容易让孩子接受。

也可以利用典型事件，把抽象的时间概念变成具体的事件。例如："早上"就是太阳升起来，宝宝要上幼儿园的时间；"夏天"就是很热很热可以吃西瓜的时候；"冬天"就是很冷很冷，下雪，大家穿很厚衣服的时候；"昨天"就是晚上睡觉之前的那天，这样都可以帮助孩子认识时间概念。

如果可以，也试着制订时间表，使孩子的生活作息有规律。比如刷牙、洗脸、吃早饭、上幼儿园、放学、吃晚饭、洗澡、讲故事、睡觉等具体事情，都按照规律进行，以培养孩子的时间意识。

另外可以在让孩子认识时间概念的同时对他提出时间要求，为以后养成良好习惯做准备。比如早上穿衣服的时候，拿出手表，对孩子说"我们看看谁能在3分钟内把衣服穿好"；洗澡前提醒孩子收拾玩具，要求他"5分钟之后你就要洗澡了"。通过这样的锻炼，不仅可以使孩子认识到时间的长短，还能培养孩子惜时、守时的观念。

重要提醒

01

错过了敏感期，人就不能获得最佳的发展。根据敏感期的不同时间分布，找到着力点，及时行事，事半功倍。

02

婴幼儿时期的安全感是未来孩子能够勇敢向外探索世界的重要基石。

03

婴儿时期需要稳定的抚养者。熟悉的眼光、熟悉的声音、熟悉的味道……妈妈的角色不可替代。

04

手是孩子最好的玩具，吸吮手指不必强行干预，保持手的干净或转移注意力即可。

第 **2** 章

孩子的自我意识

自我意识的萌芽，

是孩子成为自己的第一个阶梯。

自我意识，

是孩子的独立宣言。

一、"自私"的孩子——婴幼儿自我意识的发展

2岁的皮皮不愿意和别人分享玩具，哪怕是每天在一起玩耍的邻居悠悠，就算皮皮自己玩腻的玩具也绝不让悠悠碰，悠悠如果要拿，他立刻就说："我的！"并跌跌撞撞冲过去抢回来。有的时候悠悠会拿着自己家的玩具小恐龙过来，皮皮也会伸手去抢，还一直咕哝"我的！"然后强行据为己有，把悠悠搞得号啕大哭。

2岁左右，孩子会认为自己的、别人的都是"我的"，他们会时时刻刻关注着周围的东西，不愿意和其他人分享。

这种情况下父母常常会感到不解和难堪，在和其他孩子相处时，自家孩子会变得蛮横与无理，觉得没法改变孩子，甚至会觉得孩子的这些行为是自私和小气的表现。实际上，这是孩子自我意识发展的结果，表现在对物品上具有强烈的占有欲，这与性格上的自私和小气没有关系。

（一）婴幼儿自我意识发展的阶段

孩子自我意识的萌发，在孩子情感发展中占有非常重要的作用。孩子婴幼儿阶段的自我意识大体可以分为以下几个阶段：

1. 0—8个月："手指不是长在自己身上"

我们会发现，孩子几个月大时会咬自己的手指，甚至会把自己咬得哇哇大哭；他们也会啃自己的脚趾，啃起来的时候仿佛是在咬自己的一个小玩具。

其实在最初的时候孩子不能意识到自己的存在，不能把自己作为主体去同周围的客体区分开来，倘若从孩子手中拿走一个玩具并当着他的面放在他衣服内的肚皮上，他也不会主动伸手去将玩具拿出来。贴在他肚皮上的玩具就像长在身上的一块肉，作为主体的他和客体玩具之间的界限是模糊不清的，这时候的孩子完全没有对自己的清醒认识。

还有一个例子就是如果让孩子对着镜子，他会新奇地看着镜子，高兴地注视它、接近它，并咿呀作语，但他还未意识到镜子中的孩子就是自己。

2. 8个月—2岁："我的鼻子在这里"

当孩子8个月之后，他们会逐渐发现自己这一主体。比如把一面镜子放在孩子面前，再在孩子鼻子上涂点红色颜料，他们会更多地对自己微笑，对镜子里的自己指指点点。等到他们1岁多，就会逐渐明白镜子里的人是自己，会对着镜子摸摸自己的鼻子，搓搓自己的小手，观察镜子里的自己是怎样的。

孩子的自我认知也有一定的规律，通常是在掌握有关的身体部位名称后，开始知道了自己身体的各个部位，如脸、头、眼睛、鼻子、耳朵、手、脚、生殖器等，并能知道这些部位是属于自己的，而不是别人的，自己是可以自由支配这些部位的，可以通过动作达到一些活动目的。

如果这时候把孩子手里玩的玩具拿走，放入他的衣服口袋里，他会立即伸手拿出玩具。他已经知道自己的口袋里是一个玩具，这个玩具是刚刚放进去的。慢慢地他们会对外界其他事物产生好奇，开始探索和不断延展自己的能力，比如这个时候孩子会不断扔皮球、勺子、玩具，爸爸妈妈马上捡起递给他，之后他又会有意地把玩具反复扔到地上，看见爸爸妈妈去捡，他会高兴地笑出声来，从中获得了极大的乐趣。

另一方面孩子也开始意识到自己对物品的所有权，如果别人拿走属于他的东西，例如衣服、玩具、食物等，他会表现出明显的不高兴或愤怒，而且会因为意识到失去自己的东西而哭得更厉害，如果得不到抚慰，他甚至没有要停止的意思。当别人把玩具还给他时，失而复得的快乐又会让他破涕为笑，激动不已。孩子是通过占有属于自我的东西来区分自己和他人的，当他占有了自己的东西，当这个东西完全属于他时，孩子才能感觉到"我"的存在，这也是孩子在这个时候总是喜欢独占东西，甚至抢别人东西的原因。

同样，这个时期，孩子也逐渐对爸爸妈妈呼喊自己的名字有反应。随着自我意识的较快发展，孩子开始知道自己有名字这回事，对别人呼唤自己的名字能做出反应，并知道这一名字属于他自己。这时孩子也会称呼自己，但称呼自己时所用的名称是别人称呼他时的名称，比如他会说"这是宝宝的""宝宝要""宝贝乖"等，称呼自己就像称呼别的小朋友一样，但还不会用"我"这个词。

3. 2—3岁："不！我要自己来！"

这个阶段孩子更多地认识到自己的特征、自己的能力，而且开始学会用"我"这个词来明确地称呼自己，这代表着孩子自我意识发展的一个飞跃，从此孩子的自我意识进入了一个崭新的发展阶段。

由于自我意识飞速发展，孩子越来越多地意识到自己的能力，自己的独立意识开始萌芽。

人的成长会经历两个叛逆期，一个是众所周知的青春期，还有一个就是2—3岁的人生中第一个"叛逆期"。2—3岁的孩子对于父母来说仅仅是行为的"叛逆"，而青春期的孩子则是思想和行为全方位的"叛逆"，"叛逆"是孩子在成长过程中很重要的里程碑，这两个时期孩子必须经历"叛逆""不听话"，如果这两个时期的孩子是大人眼中的"乖"孩子，反而需要我们警惕，因为有可能孩子的情绪或自我发展受到了抑制。

2—3岁的孩子，他们意识到自己可以完成一些力所能及的事情，于是对许多事情竭尽全力要求"自己来"。这时候会一反过去听话和对父母较强的依赖性，呈现出个性心理"自我"发展时期的特征，力图摆脱父母的约束，闹"独立"，爱说："就不！""我就要！"这是孩子自我意识的萌芽，因为他相信自己什么都能做，所以他什么都想亲自尝试。可是，事实上许多事他不能做，所以一件事他付出很大的努力却不能完成，他也许会大哭大闹发脾气。这个时候就需要父母尽可能放手让孩子自己去做他们力所能及的事情，如果他们没有做好也不要责怪和嘲笑，而是鼓励孩子进行尝试。这样可以增强他们的信心，为以后独立、勇敢的性格打下基础。

4.3—6岁："老师说我是好孩子！"

3—6岁，孩子们进入幼儿园，自我意识也不断发展，在自我评价、自我体验和自我控制等方面都有较大的进步，下面聊聊这个阶段的孩子的心理特征有哪些。

（二）孩子的自我评价

孩子的自我评价在3—6岁会呈现阶梯式发展，他们的"自我评价"也是自我认知判断的重要标准。孩子自我评价的发展首先是根据成人的评价作为自我评价的依据，比如在被问到自己是不是好孩子时，我们会听到3岁的豆豆说"妈妈说我是好孩子"；4岁的妮妮会说"我帮老师收拾积木，我不打人，我是好孩子"；5岁的丫丫会说"星期天，我帮妈妈扫地、抹桌子、刷碗，我是好孩子"；而6岁的童童则会说"我是好孩子，客人来了我主动问好，我上课发言好，帮老师……"

起初孩子会根据别人的观点来进行自我评价，4岁的孩子则会从个别方面或局部对自己进行评价，进而逐步从更多方面进行自我评价，等到5—6岁时，孩子的自我评价就会表现出多面性。3—4岁的孩子一般只能评价一些外部的行为表现，还不能评价内心状态和道德品质，问他："为什么说你自己是好孩子？"4岁孩子回答"我不打架"或"我不说谎"，只有部分6岁孩子涉及一些内外品质，但不属于真正对内外品质的评价，如一个6岁孩子说自己是好孩子，"我不撒谎，上课坐得正，不欺负小朋友"。

同样孩子们的评价带有强烈的主观情绪性，孩子一开始的思维、想法、情感都围绕主观情绪性而来，家长们要了解孩子的心理，等到他们年龄增长，自我评价才能逐渐趋于客观，而良好的教育更能促进孩子心智的成熟，让处于幼儿末期的孩子能够逐渐对自己做出正确的评价。

（三）孩子的自我体验

自我体验是自我意识在情感方面的表现，如自尊心、自信心、优越感、羞愧感、责任感等，随着年龄的增长，孩子的自我体验不断深化，开始从与单一的生理需要密切联系的愉快、难过，向更加注重社会性体验诸如自尊、羞愧等发展。

例如1岁的孩子吃饱了会很开心，饿了会哇哇大哭；6岁的孩子在受到老师表扬时会很开心，受到老师批评会难过很久，甚至回家后还闷闷不乐。自我体验在孩子成长中将会起越来越重要的作用，一方面积极的自我体验会让孩子开心快乐，养成积极向上的观念；另一方面消极的自我体验则会让孩子闷闷不乐，甚至产生厌学的想法，形成孤僻的性格。所以家长在孩子自我体验逐渐发展的阶段，要建立孩子正确的自我体验观念，鼓励孩子去获得积极的自我体验，面对消极的自我体验要适时疏导。

（四）孩子的自我控制

自我控制是一个人对自己行为的调节、控制能力，包括独立性、坚持性和自制力等。孩子幼儿时期自我控制的发展主要表现在独立性、坚持性和自制力的发展方面。3岁左右，孩子开始"闹独立"，什么事都想自己来，这是独立性发展的表现；随着年龄的增长，独立性越来越强，可以自己做很多事情。但是3—4岁孩子的坚持性、自制力都较弱，与较强的独立性形成矛盾，只有到了5—6岁时，孩子才有一定的坚持力和自制力。这个阶段父母要了解孩子的自我控制规律，在他们独立性萌发的时候，鼓励他们自我尝试，但是对于不能善始善终的情况要适当鼓励，锻炼他们的自我控制能力。

二、孩子眼中的笑意——成为孩子的好镜像

娜娜的妈妈学过很多育儿课程。从娜娜出生开始，妈妈就会经常微笑地注视着她，陪她笑，给她唱歌、说话，娜娜也张开嘴巴，跟着妈妈咿咿呀呀。妈妈一停止，娜娜就会发出叫声，似乎在催促妈妈继续。当妈妈重新开始唱歌，娜娜又露出开心的表情。妈妈唱完一曲，娜娜的小嘴也会合上。即使娜娜还不能准确表达，也会非常开心地模仿妈妈。

后来娜娜的妈妈发现了一件很有意思的事。每天早上当自己要去上班和娜娜道别时，在娜娜眼中也能看到难过与不舍；她下班回家的第一件事就是开心地抱起孩子，娜娜眼中也流露出愉悦的神色。有一次妈妈生病，有气无力地看着孩子，娜娜眼中也无精打采。

（一）孩子情绪的表达

娜娜的表现，说明在孩子很小的时候已经具有相当广泛的情绪表达，而且可以判断爸爸妈妈的情绪状态，甚至可以模仿爸爸妈妈的表情。爸爸妈妈的精神状态也会对孩子产生直接的影响，引导他们的喜怒哀乐。孩子还这么小，他们是怎么做到的呢？

1.孩子具有相当广泛的情绪表达

父母通过一段时间和孩子的相处，就会知道孩子天生就有一

套情绪表情。比如，当孩子尝到苦味时，会露出厌恶的表情；当尝到一点有甜味的液体，则会露出愉快的表情。随着孩子年龄的增长，情绪表情就更为丰富，会出现愤怒、悲伤、害羞、内疚等。

2. 孩子能及时感受他人情绪

随着月龄的增长，孩子的大脑和认知能力开始逐渐发展提升，他们开始能够解读他人的面部表情和声音的高低缓急传递着的某种情绪含义。比如，孩子能够判断爸爸妈妈是否喜欢自己，是否喜欢和自己互动，并且能够快速地从熟悉的看护者脸上捕捉到悲伤或愤怒的情绪。孩子大概从5个月起，开始能够区分看护者发出的声音是快乐还是悲伤。比如，当妈妈生气大声吼叫时，孩子就会表现出忧虑不安，甚至不停地哭闹。

3. 孩子具有超强的模仿能力

孩子处于安静的状态时，会注视着养育者的脸庞，在无意识中模仿养育者的多种面部表情，就如同娜娜一样。我曾在一篇微博上看到一篇文章，有位博主说自己的孩子会长时间做出噘嘴的动作，可是自己和家人从未在孩子面前做过这个动作，大家都不知道孩子是从哪里学来的，直到后来才发现原来孩子的学步车上有两只噘嘴的小黄鸭，宝宝每天在学步车上学步，不自觉就模仿了小黄鸭的表情。其实孩子与生俱来的模仿能力非常强大，他们无师自通，爸爸妈妈有时也会忽略孩子的这些技能。

此外，在爸爸妈妈与孩子相视对望的时候，当爸爸妈妈慢慢把舌头伸出来，孩子也会模仿，把舌头伸出来；当爸爸妈妈张开嘴巴时，孩子也会张大嘴巴；当爸爸妈妈微笑时，孩子也露出兴奋的表情；甚至当爸爸妈妈伤感时，孩子也能模仿伤感的表情。模仿是这个阶段孩子最好也是最强的学习方式，孩子用模仿的方式来认知他人的行为方式和情绪。

孩子对外界的感受最初都来自父母，孩子会通过父母的表情来判断自己是不是受欢迎的和被喜爱的，此时父母的表情和行为就成为孩子的一面镜子，而这个阶段也被我们称之为"镜像阶段"。父母要做孩子的一面好镜子！

4.孩子对周围变化敏感

孩子不仅具有超强的模仿能力，而且还对周围环境的变化十分敏感，他们可以从环境的差别中感知外围事物中出现的新变化，并做出相应的回应。孩子也乐于不断地接受新刺激，把自己的精力放在新事物的刺激上，这样孩子就能够从新的环境中学到新的东西，对外界事物的认知更加丰富，从而不断提升自身的认知，思维也就进一步得到发展。

5.孩子用方法控制周围

妈妈陪着娜娜唱歌说笑，娜娜会很开心，即使听不懂内容，但是娜娜可以感觉到这样回应妈妈，就会获得妈妈更多的抚摸和亲吻。这个时期的孩子，其实会"利用"一些方式来达成自己对外界的控制。比如孩子哭闹一般有这几种情况：

他饿了。

想翻身了。

他缺乏安全感。

他尿尿或拉屎不舒服了。

6.哭闹是孩子向外界发出的求助信号

如果养育者及时进行协助，久而久之，孩子会在大脑中建立一种连接：哭＝解决问题。以后当他需要帮助，他就用哭来发出信号，直到有人前来协助，从而让孩子产生生命早期非常重要的全能自恋，这样的孩子在成年后的自我效能感也会很高。

与此相反的做法是，孩子哭闹时养育者没有做出响应，几次之后孩子发现哭没有用，哭并不能达成他对外界的控制，久而久之，他就会撤回哭这个信号，默默承受无法言语的痛苦，当然，这样长大的孩子成年后常常会产生无能感。

有的爸爸妈妈可能要问了，如果一味地迁就孩子，一哭就立刻满足，孩子长大不就总是用哭来威胁大人了吗？其实，一个孩子在3岁以前是需要被完全满足的，但是3岁以后就需要用规则来对孩子的"无理取闹"进行阉割，不同的年龄方法不同。

（二）情绪管理的心理小建议

在针对儿童和青少年的咨询中，心理咨询师们搜集的资料包含孩子母亲怀孕时的情绪、生产是否顺利、奶水是否充足、孩子童年时期家庭的重大生活改变等，因为这些具体事件都指向个体和家庭的集体情绪，都会对孩子的情绪形成影响。

爸爸妈妈可能不会想到，自己每天在家里的情绪对孩子影响巨大。在日常生活中，有的家庭成员会因为压力或者是一些生活琐事在孩子面前争吵，或者因为工作上的困扰在孩子面前表现出来，这些情绪营造出的家庭氛围对孩子的影响是很大的，孩子极容易受到爸爸妈妈情绪的影响，也会不由自主地学习爸爸妈妈的情绪表达方式，甚至是爸爸妈妈对待生活的态度。因此，在生活中我们需要注意以下几个方面：

不要在孩子面前抱怨或表露颓废的情绪。在孩子很小的阶段，父母的颓废情绪和声音会让孩子直接模仿，比如家里经常有人叹气，孩子就会经常叹气；等到孩子大一点，这种消极的情绪和声音还会影响孩子生活的安全感和成长信心。父母如果经常在孩子面前抱怨生活，或者经常表露出颓废的情绪，会使孩子过早接触到不应该由他们这个年龄阶段承担的压力，从而让孩子在幼儿阶段就产生心理的不安全感，甚至会让孩子变得孤僻倔强。因而，特别需要提醒父母，无论你遇到多大的困难和挫折，为了孩子的健康发育，请保持积极乐观的生活态度，一定不要在孩子面前抱怨生活或表露消极颓废的情绪。记住，保持乐观与微笑！

不要在孩子面前吵架动粗。家长在孩子面前不可以吵架动粗，也不能与他人吵架动粗，这些行为都会让孩子产生紧张的心理和恐惧的感觉，尤其是爸妈经常在孩子面前大吵大闹，不仅会影响孩子的情绪，让孩子郁郁寡欢，还会大大影响到孩子的安全感，甚至影响孩子的生活态度、价值观和人生观。

不要在孩子面前用偏激的语气来表达对事物的看法。一些家长性格比较极端，对于事物的看法也比较偏激，往往会在孩子面前无所避讳地发表过激的语言，这些过激的语言和偏激的态度，都有可能被孩子模仿，形成偏激、倔强的性格，这会直接影响到孩子与其他小朋友的相处，会对孩子的性格塑造和心理发育产生不良影响。

三、波波为什么总爱说“不”
——孩子人生中的第一次逆反

波波上幼儿园快一年，眼看就要进入中班了。可妈妈感觉儿子快成一头小犟驴了，现在他常对妈妈说“不”，也不听任何道理。比如早晨起床，妈妈让他刷牙后再吃饭，可他偏偏要吃了饭再刷牙；晚饭时间到了，妈妈让他把玩具收回抽屉，可他偏偏不肯松手，还故意说“我就不吃”。来咨询室的两天前，波波在幼儿园跟一个小朋友抢玩具，波波竟动手打了小朋友。妈妈带他上门道歉，他嘴里却喊：“我就不，我就不。”妈妈越来越纳闷，过去那个听话的波波怎么变成这样了！

波波的表现说明他已进入了我在前面提到过的“第一叛逆期”。孩子到了3—4岁，身心迅速发展并开始有“自立”的要求，什么事情都想自己干，不愿意父母包办代替，甚至有时会拒绝成人的要求，故意和老师、父母唱反调。如果父母不了解这一时期孩子身心发展的客观要求，会使孩子的情感发展受到阻碍，进而导致孩子心理发展不平衡。父母也感到这一时期的孩子不听话，难免有时情绪急躁，采取的方法生硬、简单，常常出现和孩子对着干的现象。那么，孩子为何会产生这种逆反心理呢？

（一）孩子自我概念的形成

3—4岁孩子开始形成关于“我”的概念，比如想要实现自我价值，要独立完成各种活动，并希望得到教师和家长的肯定等。这一时期，孩子会用明确的态度和对抗行为告诉老师或家长：我不从属于你，我就是我，我有自己的想法。渐渐地，他们就会知道哪些事情是"我想做的"，而哪些事情是"别人让我做的"。他们想顽强地表现自己的意志，但这种表现往往与老师或父母要求的规范相抵触，从而导致父母看到的反抗行为的产生。

1.孩子的批判性思维得到一定发展

3—4岁的孩子认知发展有了明显进步，孩子的思维发展、言语发展迅速。与之前完全听从父母或老师的话相比，随着对世界的探索和认知的不断深入，他们对事情也有了自己的判断与认识，但他们的认知和成人的认知常常不同，他们想主张自己的想法进而促成了逆反心理产生。因为孩子常常想按照自己的意愿去做一些事情，并经常对父母说"不"，父母会感觉到自己的正当要求被拒绝。

2.孩子活动能力不断增强

随着孩子活动能力的增强，很多事情都可自己动手。因此他们渴望扩大独立活动范围，基于这种强烈的愿望，会不断地尝试去独立完成新的事情。但这些要求往往会受到父母的阻拦或限制，因此孩子便会反抗，这让父母觉得孩子不听话，如之前孩子可能要靠爸爸妈妈或老师挽起袖子洗手，但成长后孩子很想自己挽袖子，但他其实并没有能力挽好，所以经常弄得衣服湿湿的，常常会遭到爸爸妈妈的责骂。此时父母不能仍然用老眼光看待和要求他们，这样会引起他们更多的反抗行为，父母要做的只是协助和鼓励。

3.孩子常借闹情绪表达不满

孩子对爸爸妈妈的要求表示不愿意的时候，常常不是通过语言来进行沟通，而是对爸爸妈妈闹情绪，比如吵嚷、哭闹或者破坏物品等，这其实是孩子表达意见的一种方式。他们无非是想忠实于自己的意愿，但情绪控制能力比较弱，才借用闹脾气，而不是用其他更合理的方法提出自己的要求。

4.家庭教养过分宠爱或严苛

有些家长虽然知道有时候应该对孩子的言行加以限制，但日常生活中仍会不断妥协，这样会进一步强化逆反行为的产生。比如在现今家庭中，爷爷奶奶过分溺爱、护短，造成了与爸爸妈妈的教育方式不一致，在这种家庭中孩子常常会去寻找"保护伞"，在中间钻空子，使逆反行为得到延续和强化。

同时，家庭和学校的教育方式不一致也会加重孩子的逆反行为，如果只是让孩子在幼儿园表现为听话的好学生，在家却是说一不二的小皇帝、小公主，这样分裂的教育方式，也会使孩子今后难以适应社会，在行为上持续逆反，拒绝接受新的环境，不断对抗规则与制度。

另一种教育则是有些家庭对孩子要求"严得过格"，不许言行出一点差错，稍有"出格"就严加训斥、罚站，甚至大打出手。这种教育方式会随着孩子年龄的增长让孩子表面屈服，但和父母不亲近，感情上隔阂，行动上反抗，情绪上抵触。这时孩子的心理已经压抑了很多对父母的愤怒。情绪一旦不能表达而被压抑，就会为后面青春期的发展埋下隐患。

（二）逆反心理小建议

面对孩子的逆反，父母首先要在认知上视之为正常，当孩子逆反时我们不能急于压制，要观察并判断孩子的这种逆反言行表现是否过度，是否对身心发展有害。如果没有逆反过度，父母就要适应孩子逆反期的特点，尊重孩子的独立意识，适当给孩子表现的机会，让他做一些力所能及的事情。在尝试中也要学会耐心和鼓励，对孩子一开始比较慢的学习要细心指导，对尝试失败的事情要及时鼓励，试着和孩子一起学习。

如果孩子逆反过度，我们则需要反思家庭、学校的教育方式是否不当，同时针对孩子的过度逆反，我们可以考虑采取以下方法进行有效干预：

1. 忽视消极行为

当逆反期的孩子一些不合理要求未得到满足时，他们常会以哭闹的方式来表达反抗，这时我们可以采取冷处理的方法，即忽视他们的这种哭闹行为，不去过多关注（注意，这里对待哭闹的方式和3岁以前是不同的，3岁以前充分满足，但是3岁以后要改变方法）。当孩子发现哭闹无用，情绪也会慢慢平静下来，之后他们会学着用另外的方式跟大人沟通，而不是通过哭闹要挟大人。比如，孩子要玩玩具不吃饭，不给玩具就哭闹，我们可以让他先不玩玩具，带他到某个角落冷静一下，然后再就不按时吃饭对不对、什么时候可以玩玩具等问题和孩子沟通，形成以后的规则。这样做的好处是可以避开孩子情绪的激动状态，同时可以使其知道哭闹不是解决问题的好方法，又建立了未来的规则。

我的女儿很小的时候，我们专门在书房的一个角落给她搭建了一个小帐篷，我们把这个帐篷称作"情绪小屋"，里面放了一些软枕头、公仔玩具和纸巾。每当孩子有情绪了，不管愤怒还是悲伤，她自己就会进入那个小屋，当然我会一直陪着她。她可以在里面扔东西，也可以在里面抱着公仔流泪，直到她自己感觉好一点，她就会从小屋里走出来。这样做的好处在于，孩子知道每个人都有情绪，情绪是没有对错的，自己的情绪可以得到合理的释放；但同时，也让孩子知道，情绪也是有边界的，当她走出帐篷，她就应该回归到理性的状态。这个小屋在我们家存在了很多年，小学五年级在她自己的要求下才拆除。

2. 心理暗示

我们预估到某件事跟孩子商量，孩子会出于逆反说不同意，这时我们可采取心理暗示的方法。就是假定他已同意做某件事，我们只给孩子提供一定选择的机会。比如，天冷了，我们想让孩子多穿一件衣服，这时孩子可能不同意，我们就可以假设孩子已同意穿了，直接跟孩子说："你是自己穿衣服，还是妈妈给你穿衣服呀？""你是想穿红色的那件还是蓝色的那件啊？""今天是穿裙子还是裤子？"等等。暗示孩子同意之后，我们会给他选择的权利，只要注意不违反大的原则，如安全原则、好习惯养成原则等就可以。这种心理暗示法的好处在于爸爸妈妈暗示孩子已同意做某件事，并且给孩子选择权让其享受自己拿主意、做决定的快乐，避免正向冲突。

3. 任务替换或父母参与

在孩子的教育过程中，我们常习惯告诉孩子，不要这么做，不要那么做，这时孩子感觉不让干这不让干那，势必会有逆反情绪。所以，我们不妨告诉孩子正确的方法和可以做的事情。比如，当我们发现孩子在户外活动时乱跑乱撞，想告诉他别乱跑，我们不妨这样说："到处乱跑会碰到别人，不安全，你可以来帮妈妈浇浇花吗？"这时孩子会容易接受。这种方法的好处在于让孩子知道自己该做什么，这比单纯禁止他做事要好很多。另外，幼儿天性喜欢游戏，父母可以把孩子逆反的事情变成游戏活动，帮助他们接受，比如一起刷牙，消灭蛀牙菌，赶跑坏蛋，让孩子在欢乐愉快的氛围中不再对抗刷牙。

有时孩子对成人不理不睬，不是孩子故意逆反不听话，而是在忙自己的事情。这时我们要有意识地让孩子知道爸妈想和他交流，我们可以加入孩子的活动，和他们进行生动、富有想象力的对话。父母的参与会使孩子感受到亲切和被尊重，使孩子更容易接受我们的建议。在使用这种方法时，配上"肩并肩、蹲下来"的体态，效果更好。

4.幽默沟通

和孩子沟通时来一点小幽默，也许能够让孩子不那么逆反。比如，对吃饭慢、吃饭难的情况，我们可以说："多吃饭，你可以变成故事中的高个子王子，少吃饭就会变成故事中的七个小矮人，爸爸妈妈想你长成王子！"在亲戚家里，孩子东跑西奔的，弄得脸有些脏了，我们想让他洗，也可以这么说："嘿，你都快要变小花猫了，照照镜子看看吧，妈妈希望你快快变回来。"针对孩子逆反的行为，我们采取这种幽默化的语言，也许孩子会感到我们是在跟他做游戏，孩子也会比较乐意接受。孩子挑食，我们可以把蔬菜放入自己的嘴里，然后在孩子耳朵旁咀嚼，发出清脆的声音，并很生动地告诉宝宝："你听，好脆的声音。"并不断发出声音，诱使孩子尝试。

5.底线设置

有时孩子逆反，不是孩子的问题，有可能是我们干涉过多、要求过高引起的，从而促使他们产生逆反心理。

所以，当孩子的行为不涉及安全问题，而是想自主表达独立愿望时，要给予理解和鼓励，让他们自己做主。比如，让孩子自己穿鞋、收拾小碗、洗碗等行为，并给予方向性的指导。但当孩子的"叛逆"行为危及自身安全时，必须加以制止，并向孩子讲清道理，比如，不让他动插座，不让他打小朋友。这时，父母应该在第一时间阻止，告诉他们"不能碰，危险"，"不能打同学"，并向孩子讲清道理，这样的规范有助于孩子正常的社会化。此外，我们需要注意的是，底线不能设置太低或不设置底线，比如有些家长对孩子过于溺爱，即使他们犯了错误也不批评，这种错误的教育方式使孩子不明是非，一旦家长想管教时，孩子就会不适应，从而产生逆反。

6.事先约定

与孩子一起制订规则，一起事先约定一些要求，这样孩子不会太逆反。特别是处在秩序敏感关键期的孩子，他们对生活的秩序有强烈的需求，并逐步获得和发展出对物体摆放空间或生活起居时间顺序的适应性，即秩序感。

相信每一位家长都曾感受过孩子的这种"强迫"。我记得女儿在这个年龄的时候，睡觉前如果灯是由我或爸爸关的，她一定要把灯重新打开，再关一次。有一次在公园玩耍不小心摔到地上，外婆心疼得立刻抱起她，她甩开外婆，用刚才的姿势再次倒地，然后自己重新站起来。这些行为都表明，孩子进入了秩序期。家长们可以利用这一关键时期，和孩子共同建立家庭秩序、规则，提升孩子独立自主的自我意识，共同遵守，互相监督。除此之外，还要注意少用命令式语气说话，如果父母运用权威使孩子服从，结果将适得其反。比如，孩子把玩具角弄得乱七八糟，你命令他收拾，他会反抗，我们可以试着这样说："来吧，我们比一比看谁能把更多的玩具放到柜子里。"或者"宝贝，快让你的玩具回家吧，它们一定也想睡了"。这样他会很乐意地收拾玩具。

总之，孩子们的"逆反"并不可怕，只要我们正确认识到"逆反"是他们正常发展过程中的一个必经阶段，只要我们用坚持、宽容、关爱、赏识这些原则，并积累和掌握一些具体的小技巧，完全可以与他们"和谐共处"，帮助他们"科学发展"，也让自己轻松快乐，体验到做父母的幸福。

（三）孩子逆反的三种类型

孩子进入逆反期之后，表现也是多种多样的，概括起来，主要有三种类型：

1. 否定家长意见型

这类孩子当家长提出一些建议时不予采纳，表现出强烈的排斥感，比如家长建议他们快来吃饭，他们会摇头不去。家长看到孩子做某些事有危险进行制止，孩子反而不听，仍然坚持去做。

2. 支配他人型

孩子有时不但不愿意听从别人意见，还要求父母遵照他的意见做事。比如，妈妈忙，爸爸可以给孩子洗澡，可孩子却偏要让妈妈来洗，其他人不能代替；自己不会系纽扣，却非要自己来做这件事，拒绝别人来帮忙；你急着出门，他非让你等着他。

3. 秩序固守型

孩子进入秩序敏感期后表现出墨守成规的状态，总是按照老习惯去做事，不允许成人让其做出改变。比如，他们的物品如果长期固定放置在某个地方，大人要求孩子去改变，他们会坚决反对；又如，他心爱的玩具习惯放在床头的左边，他就绝不会把它放在右边，而且也不会允许其他人把它放在右边。

成人一般认为只要孩子不听我们的话就是逆反，其实如果我们笼统地看待孩子逆反的话，也许我们会误读逆反。比如，秩序固守型逆反是孩子进入秩序敏感期后的一种正常表现，并不需要刻意干预。所以，我们还是要分清逆反类型，施以恰当教育。

四、没有对比没有伤害
——父母的"他评"会成为孩子的"自评"

（一）父母的"他评"会成为孩子的"自评"

悠悠的妈妈和欢欢的妈妈在聊天，悠悠在旁边玩积木。悠悠的妈妈说："你看，你家欢欢比我家悠悠还小1岁，喝水、穿衣服都自己会，不用你操心，老师说我家悠悠像个男孩儿那么皮，眼瞅着就要上大班了，也不知道这些习惯能不能改，以后该怎么办呀！"悠悠羞愧地低下了头。欢欢妈妈望着悠悠说："你家悠悠运动能力强，而且很勇敢，她敢从很高的地方往下跳呢。"悠悠脸上立刻洋溢出了自豪的笑容。但是悠悠妈妈当众数落起悠悠："这算啥优点啊，人家欢欢每天回家钢琴一练就是1个多小时，你看你，弹个10分钟都坚持不了，我就不该给你买这么贵的钢琴。"悠悠又低下了刚刚才昂扬的头，回家路上一言不发。从那一天开始，悠悠再也不弹琴了，也不爱尝试其他事情了。

悠悠渴望得到赞扬的心态，说明悠悠心理发展到已经能够去进行自我评价了，但是小朋友对自己评价的能力是较弱的，爸爸妈妈的态度对他们的自我评价有着重大的影响。孩子的自我评价能力发展比较晚，一般认为在3岁左右，孩子在自己的活动中听到成人对别人和对自己的评价，并从这些评价中获得肯定的或否定的情绪体验，久而久之，便会从对爸爸妈妈的模仿中来对自己的行为进行评价，这个过程是"内化"，孩子的自我评价能力逐步形成。

而在实际生活中，很多孩子存在自我评价缺失的问题。由于现在孩子大都是独生子女，通常以自我为中心，爷爷奶奶和爸爸妈妈倾注过多的宠爱，使得他们认为"我最好""我第一"，造成自我评价过高，这种家庭环境又与幼儿园环境形成鲜明对比。幼儿园里小朋友多，老师无暇一一顾及每个孩子的心理感受，一旦某些要求孩子们达不到，如果老师还会加以责怪和埋怨，时间长了容易让孩子对自己失去信心，导致孤僻自卑，这又会导致孩子自我评价过低。

（二）客观自我评价的心理小建议

过高、过低的自我评价都会影响孩子的健康成长！因此，培养孩子的自我评价能力，帮助孩子们正确认识自己，促进他们健康成长是家长们必须要关注的一个重要方面。

不要和别人的孩子横向对比，多纵向对比孩子过去、现在的进步。

妈妈们在一起时，聊得最多的就是孩子，常常能听到这样的谈话："你家的孩子真聪明，都会算加减法了，我家的孩子就只知道玩儿。""你家孩子画画真好，我们家的东东只知道乱涂！""都3岁了，口渴了也不知道自己喝水！"妈妈们喜欢把自己的孩子和别人的孩子进行比较，这种横向比较终究会分出一个优劣的结果，而且大多数时候我们的妈妈总是用自己孩子的缺点和别人孩子的优点进行比较，这样一来，自己孩子的缺点无形间就被放大了。

在孩子们心中，爸爸妈妈和老师是权威的象征，他们的表扬和批评往往是评价自己的标准。爸爸妈妈片面的横向评价会让孩子形成负面的自我评价："我不够好，比不上别人。""我怎么做都是错的，不做了。""我没有隔壁的小朋友好，我总是令妈妈失望。"……慢慢地孩子会形成自卑心理。另一方面，如果爸爸妈妈喜欢用自家孩子的优点和别人孩子的缺点进行比较，这样优点又会被放大，让孩子误认为自己真的比别人好，什么都是最棒的。盲目的、片面的赞扬会让孩子无法认清自我。

所以，父母应更多地关注孩子自身取得的发展、进步，将他自己的过去和现在比较，而不是总将他与其他小朋友进行横向比较。每个孩子都是不同的，我们没有跟其他孩子比较的必要，要用发展的眼光看待孩子，看到孩子自己的成长。

用过去与现在比是比较适合的一种方式，我们可以试着这样来评价孩子："今天的画有进步哟，上次的色彩有点单调，这次的色彩非常丰富！""和上周比，这周上幼儿园哭的时间减少了一半，有三天你都没有哭……"我们把孩子的过去和现在进行比较，就显得更加客观。评价自家孩子的时候，不要看他是比其他孩子强还是弱，而是要用他现在的成绩和以前的成绩比较，有所进步就是好的，就是值得肯定的。

1.不要抽象地评价孩子，尽量使用描述的语言

有些爸爸妈妈经常用"宝宝很好""宝宝很棒""宝宝很乖""宝宝很懂事"之类比较笼统的词语来评价孩子。这些词语具有很强的概括性，孩子太小，很难理解什么是好、什么是不好，也不知道究竟是哪些方面表现得棒，哪些方面不棒。这种类型的评价虽然听上去是表扬的意思，但是内在含义对孩子来说是抽象的，是模糊不清的，很难被理解，不容易起到真实评价的作用。父母应该用描述性的语言来代替笼统的评论。描述性的表达就是用赞赏性的语气对幼儿的行为表现、行为结果、心理感受等进行具体的描述，说出孩子哪里乖、怎么棒，而不是直接对行为结果给予实质性的判断。

例如，用比较笼统的评论法表扬孩子："你画的气球真漂亮！"用描述性的语言表扬孩子："今天画的气球用了很多鲜艳的颜色，这些气球看起来非常漂亮！"描述性的表扬具体且让孩子容易理解，而评论法往往忽略孩子的行为细节或者行为本身，只是笼统地强调结果，这样评价一两次还好，次数多了之后孩子不

能理解你说的好有什么区别，也会对这种表扬逐渐失去兴趣。

在用描述性语言评价时，我们还需要注意一下自己所使用的语言，不要描述孩子听不懂的语言，我们应根据孩子活动的结果，用他们最熟悉的语言对其行为进行具体描述。比如孩子很能干，自己系了鞋带，妈妈可以用描述性的语言："宝宝自己可以系鞋带，知道怎样系紧，扎牢，真能干！"再比如，"宝宝很勤快，帮助妈妈把桌子上的东西收拾好，桌面变得很干净。"或者："你很快就将桌子上的东西整理好了，你的小手真勤快，你真是妈妈的好帮手！"在这样的情况下，也可以试着启发孩子进行自我描述，让他说说自己是如何帮助妈妈整理桌面的。

父母还可以将孩子值得赞赏的行为总结为一个词或一句话。比如，对于能与别的小朋友分享玩具的孩子，妈妈在让他了解其具体行为特点之后，就用一句话来总结，例如："宝宝愿意和大家一起玩儿，愿意分享自己的玩具，所以大家都很喜欢和宝宝一起玩儿。"孩子就会了解到自己的这个优秀品质。

2.试着引导孩子自己评价自己

孩子由于年龄小、认知水平低、分析能力弱，自我评价能力刚刚开始，还没有完全形成。有研究者进行调查，对大班幼儿自我评价能力的测试，只有10%的幼儿能较正确、较具体地评价自己，46%的幼儿过高评价自己，38%的幼儿过低评价自己，还有6%的幼儿不会评价自己。这说明孩子在年龄较小的时候还不能正确认识自我，而正确的自我评价对孩子认识自我、改变习惯、提升学习能力十分重要。因此，父母和老师需要帮助孩子认识自我，为他们提供评价的机会。尤其是爸爸妈妈们，家庭环境比较轻松有趣，孩子又会接触到各种各样的事物，在生活中有许多机会可以引导孩子尝试自我评价。

我们可以利用一些零碎的、轻松的时间询问孩子的一些简单看法。比如，在接孩子回家的路上，父母可以问问孩子："今天在幼儿园你玩得怎么样？""今天的手工课做了些什么呢？""今天做操你表现怎么样？"慢慢地，可以引导孩子进行具体描述，可以进一步提问："你捏的小狗哪儿捏得最好？哪儿不好？下次怎么捏会更好？""你在游戏中开心吗？为什么？""今天老师为什么表扬你呢？"逐渐引导孩子从笼统简单的评价到具体细致的评价。

提问的过程是孩子们思维逐渐深化，认知能力逐步提升的过程，值得我们耐心细致的引导。爸爸妈妈也可以让孩子在评价自己的同时，学习评价别的小朋友。比如请孩子评价小区游乐园里谁最爱护玩具，谁最会收拾，他是怎么做的；再比如请他评价幼儿园班上谁最有礼貌，谁最守纪律，哪个小朋友最关心集体，他是怎么做的，等等。这样评价机会和内容多了，孩子在评价别人的过程中也能认识自己。经过多次反复练习，孩子自我评价的能力就会逐渐提高。

在评价的过程中，爸爸妈妈要引导孩子观察、认识自己，体验自己与他人的不同。例如，在讲《海底总动员》这个故事的过程中，可以和孩子一起讨论动物的本领：鲨鱼游得最快，海豚游得最远，乌龟游的时间最长……通过讨论，孩子知道动物都不同，各自都有自己的本领。接着，让孩子谈谈自己最强的本领是什么。这种引导能让孩子认识到每个人都不同，知道每个人都有自己的长处。这样能让孩子看到自己的价值和优点，又能看到自己的缺点和不足，进而全面进行自我评价时，才会充满自尊和自信，并能较自觉地改正缺点，进行自我教育、自我提升，这种品质在他今后一生之中都将会受用。

五、我再也不去幼儿园了——保护孩子的自尊心

豆豆读大班了，有一天中午在幼儿园尿床了。下午妈妈来接他的时候，老师把这件事告诉了妈妈。妈妈努力想要压抑心中的怒火，严厉地问豆豆："你怎么搞的？都大班了还尿床！尿急你不会去上厕所啊？羞不羞？"旁边小朋友们听了七嘴八舌说道："是啊，我都不尿床。""都大班了，还尿床！""尿床，羞羞羞！"豆豆听后"哇"的一声哭了，第二天说什么也不肯去幼儿园了。

仔仔很聪明，但有点调皮。一次在家中请客吃饭时，他不小心把菜汤洒到了裤子上，妈妈叫他赶紧换一条，可他倔劲儿上来了，不仅不去，还故意把更多的汤汁弄到了衣服上，爸爸大光其火，打了他的屁股，仔仔躲在奶奶身后声嘶力竭地大喊大叫。爸爸当着客人面把他从奶奶身后拖出来，把他弄脏的裤子脱了个精光，又把屁股打得又红又肿。裤子最后虽然换了，但是从今以后仔仔不怕羞了，经常不穿衣服在他人面前跑来跑去。

豆豆不肯去幼儿园是害怕再见到老师和其他小朋友，怕同学们嘲笑他。妈妈前一天当众批评给他的自尊心造成了非常大的影响。仔仔被爸爸打后，他的认知是：既然爸爸当着其他人脱我的裤子，说明公开场合是可以不穿裤子的。

（一）如何保护孩子的自尊心

每一个孩子都有自尊意识，都渴望被尊重，尤其是被爸爸妈妈和老师们尊重。如果一个孩子在班级中不被重视，在集体中没有施展能力的机会，或者在老师和家长面前受到过多的指责、批评，甚至是讽刺、挖苦，自尊心都会受到伤害。

对成年人而言，自尊是一个人在社会比较过程中所获得的对自我价值的积极情感体验，对小朋友们而言，自尊是爸爸妈妈、老师、其他小朋友对自己的认同。在现实生活中，孩子自尊心很容易受到伤害，有千百种方法可以让孩子失去自尊心，但重建自尊却是一个极其缓慢而困难的过程。在日常生活中，父母在自家孩子面前所说的每一句话、每一个举动，都有可能深深地影响孩子的心理健康。

孩子的自尊心比金子还珍贵。一个有自尊心的孩子遇到挫折，会为较高的自尊水平而奋力直追，而一个自尊水平低的孩子更容易采取逃避的策略。

孩子的心灵是非常脆弱而敏感的，需要成人的细心呵护和理解。只有这样，他才会感受到真正的自尊，发展出自信。若把他们看成不懂事的孩子任意去批评、指责，刺伤他们的自尊心，那孩子就容易产生自卑、退缩、紧张的情绪，甚至憎恨、敌对。

（二）保护自尊的心理小建议

现实中，能够做到细致保护孩子自尊心的父母真的很难得，有位妈妈曾跟我说过这样一件事情，让我觉得很温暖。

有一天，我带儿子去上手工课。下课的铃声响了，我走进教室，看见他正焦急地等着我，教室前方展示角照例摆着几个小朋友们捏的橡皮泥作品，捏得好的会被老师放在展示角里让小朋友观看。我看他的橡皮泥在抽屉里面，捏的一个小猫弄掉了尾巴，他自己斜坐在凳子上，表情极不自然。看我走到他身边，他一手拿书包，一手拿着小猫和橡皮泥盒，急匆匆往外走，边走边说："妈妈快走呀！"似乎慢了让他十分不舒服。我心领神会地紧跟着他！我知道他是为了自己的作品没有被老师选上而伤心，他不希望让妈妈也失望。

我心疼儿子受到的小挫折，不过，正所谓愈挫愈勇，我知道我应该支持他，而不是用一种无所谓的态度对待他。当时我什么都没说，只是轻轻地抚摸他的头，然后紧紧地拉着他的小手。虽然我一句话也没说，此时儿子已经通过我的动作和力量感受到了妈妈的支持，笑意慢慢洋溢在了他的脸上，他说："妈妈，咱们去文具店买卡纸吧！下次课老师说要剪小动物。"

听到他这么说，我笑了，他也笑了，我这时才说："那我们多买一些卡纸，提前练习一下剪小动物。"我俩都笑得很开心，也很轻松。

这个妈妈给我讲的这件小事让我久久回味，保护孩子的自尊心，真的需要父母在细微处下功夫。我们或许不会总是遇到作品评比，但是在日常生活中，我们可以做到这些：

1. 千万不要当众批评孩子

不少家长在外人面前，尤其是在亲朋好友的面前直接教育训斥孩子，公开羞辱孩子，认为这种方式可以让孩子变好。他们认为人多势众可以给孩子制造压力，有了压力孩子才能有记性，也就印象深刻，从而改掉坏毛病。殊不知孩子和大人一样爱面子，这样做只能损伤孩子的自尊心。当着外人的面批评他，损他，贬斥他，他会羞愧难当。久而久之，孩子就会惧怕人多的地方，逐步迁移到惧怕社会，这种惧怕社会的心理会让他在以后的生活中畏手畏脚、缺乏信心，甚至远离社交，产生很多心理问题。

不要当众批评孩子，也不要在其他人面前提及孩子丢人的毛病、曾经的过失，比如某次惩罚、某次挨骂、一次尿床、一次比赛得了最后一名，以及身体上的缺陷，如个子矮小、过胖、过瘦、眼小、脸丑等等。

我曾有一个30多岁的来访者，她在咨询室跟我描述自己的经历。她说小时候她和妈妈出去玩，妈妈开着车，她和表姐坐在汽车后排，妈妈以为她睡着了，就和坐在副驾驶的朋友谈论自己的孩子，妈妈说："长得那么胖那么丑，还喜欢照相。"她其实躺在后排并没有睡着，但是自从那天以后，她就非常自卑，每天都想着如何减肥，吃完饭后就去洗手间催吐，终于患上了厌食症，治疗了两年。

父母批评孩子或者评价孩子一定要注意场合，不要在大庭广众之下粗暴地讽刺、挖苦和训斥孩子，面对孩子犯错误时，应多采取正面引导、个别谈心的方法，以情动人，以理服人。比如，当孩子在聚餐的饭桌上捣乱，父母可趁孩子上洗手间的机会告诉孩子该怎么做，而不是当着众人的面教育他；去别人家做客，孩子玩完玩具后不及时收拾，也不能劈头盖脸一顿骂，家长可先表扬孩子的某一行为，如主动去洗手、认真叠积木，当孩子因受到表扬而情绪愉悦时，向孩子提出改正不及时收拾玩具这个不当行为的要求，这样孩子会比较容易接受。只有顾及场合，找准适合的教育时机，教育才能收到事半功倍的效果。

2.不要对孩子进行定性批评

孩子的心理比较脆弱，极易受到损伤，成人尊重他们的自尊心，他们就会产生愉快、自信、向上的情绪。相反，若挫伤了他们的自尊心，就会使其产生自卑感，他们会变得固执任性，难以教育。尤其是在批评孩子时，要就事论事，不必使用定性的破坏性批评，因为破坏性批评是对孩子自尊心的无情剥夺。

（1）定性批评之一：结论性批评

比如，孩子在某件事上撒了谎，妈妈不分青红皂白，随便说他是"撒谎的孩子"；孩子某次作业没按时完成，爸爸说他是"贪玩的孩子"等等。从一件事上就给孩子定性下结论，等于给他贴一个标签，会在孩子的潜意识里形成一个概念：我就是这样的人，我永远变不好。

（2）定性批评之二：算总账

孩子一旦犯错误，有的家长在盛怒之下习惯把过去的"历史问题""陈年旧账"一股脑儿抖出来，唠叨个没完没了。孩子会想：过去的已经改了，现在还提，难道我后来改的这些都不算吗？难道要提一辈子吗？这样会使孩子灰心丧气、自暴自弃。

（3）定性批评之三：带情绪性批评

孩子调皮捣蛋不听话，有的时候爸爸妈妈会怒火中烧，很难控制自己的情绪，有可能哪句话解恨就说哪句。"你真没出息！""你不可救药！""你的脑子是猪脑子呀！""我对你彻底失望了！""我哪辈子作的孽啊，生了你这个不争气的孩子！""早知道你是这样，真不该生你！""你把我的脸都丢光了！""以后你干脆去搬砖！"这些话大家熟不熟悉？伤人的话会严重刺伤孩子的自尊心，或许爸妈在说的时候没有意识到，但是实际上这些话可能给孩子留下很长时间的阴影，在以后的日子里，想让他增长自信心就难上加难了。

类似于这些对孩子人格的否定评价将存留在孩子的潜意识里，形成负面的心理暗示。如果孩子有逆反心理，这表明他还有自尊心，你伤害他的自尊，他就拿起这块盾牌来和你对抗。孩子一旦放弃对抗，可能会这样想："反正你认定我是个撒谎的孩子，那我就撒谎。"这时孩子的自尊心已经被伤透了，彻底破罐子破摔，对于失去自尊心的孩子，无法通过语言来矫正他的行为，失去自尊的孩子，他会在潜意识里用破坏自己的行为来报复父母。

3.就事论事

只批评他的行为，不要针对人下结论，更不要羞辱孩子的人格。定性、破坏性批评，就是讽刺、挖苦、侮辱，如果攻击了孩子作为人的价值，将使孩子觉得自己没有尊严、没有价值，逐渐产生自卑而失去自尊，总觉得自己不行，遇事躲避，更加落后，得过且过。

4.每次批评只针对一个行为，不要过分地抱怨或者惩罚

批评时间要短，过后即向你的孩子表明你依然爱他。

5.采用替代法来进行惩罚

比如，取消特权，限制他玩喜欢的玩具，限制消遣活动；让

他去某个地方冷静冷静；让他早早上床睡觉。

6.发现、肯定孩子的微小进步

孩子争强好胜，有上进心，并且希望得到成人的赞许，但因为年幼无知，有时会出现过错或做事不如大人意。对此，不能过多批评孩子，而应抓住其微小进步，尽可能采取激励手段，激发孩子的积极性，使他们克服不足，让他们在不断进步中增强自尊心和自信心。父母平时要多留意孩子的长处、优点和进步，并且发现了就及时加以肯定和鼓励，让孩子体验到成功的喜悦。

六、事事要强的茜茜——孩子太要强怎么办

（一）如何应对孩子过高的自尊心

茜茜4岁了，什么事情都要自己做，做不好的事情也要自己做，失败后不仅不接受帮助，自己还会和自己较劲，常把小脸憋得通红。当爸爸妈妈去表示关心、帮助的时候，她会一把推开大人，生气地大喊："你们走开，我自己可以！"看起来她似乎是一个能坚持、不服输的小孩，但是当她和其他小朋友一起玩儿或需要共同协助完成某项任务时，她也不允许别的小朋友比她表现得更好，更不能接受老师和父母对他人的表扬，否则茜茜就会大哭不止："我就是比他们好，我不喜欢你们！"或者一个人生闷气，把自己关在房间里久久都不出来。家长在老师建议下前来接受心理咨询。

茜茜这些情况，都是性格要强的表现。在生活中孩子是家庭的中心，正是这种中心主义和优越的物质条件，可能会导致孩子没有经历过挫折，抗挫能力较差。在实际生活中，这种情况不少见，有的时候听到父母们这样评价自己的孩子："这孩子自尊心太强了！"这不仅说明这个孩子爱面子，而且个性好强，心理脆弱，受不了他人的一点儿批评和指责，对失败和挫折的心理承受能力很低。

自尊心就像一把双刃剑，如同生活中遇到的大多数事情一样，有自尊虽是好事，但要有一个度，并不是越强越好。如果表现得太强反倒变成人格弱点，如逆境承受能力低、逆反心理强等。有一个经典的比喻，自尊心就像一个气球，一个没有气的气球毫无价值，然而气充得太满容易撑破；只有气充得不多也不少，才会兼具观赏性与安全性。

（二）自尊心太强的孩子的特征

自尊心太强的孩子最典型的特征有三个表现：

听不得批评。

听不得表扬别人比自己强。

不能接受自己不如别人的事实。

过强的自尊心往往会影响心理健康，甚至会为人生未来的发展埋下隐患。对于一个孩子而言，并非自尊心越强越好。自尊心过高，就可能输不起，或是太计较得失和面子，甚至有的孩子会因为父母或老师一两句批评的话、一次考试的失败而轻生。这是因为他们的自尊是自我中心主义的自尊，容不得别人对自己的一丁点儿否定。

（三）改变孩子要强的小建议

面对这些"气哄哄"的孩子，父母该怎么办呢？如何才能安全地给他们快要撑破的气球放点气呢？

1.父母先给自己过强的自尊心"泄泄气"

自尊心过强的孩子，父母往往也都是好强之人。如果自己的孩子自尊心过强，或许我们应该反思是不是自己平时也要强？平时生活中自己是不是喜欢和人比较、追求完美？平时还会把自己的孩子和别人的孩子做比较。这些特质都会影响到孩子，不由自主地以高标准去要求孩子。所以，要培养孩子健康的自尊心，防止自尊心过强的极端情况，父母就要先改正自己，以平和的心态去面对生活、面对孩子，给孩子做个好榜样。

2.不一味做孩子的保护伞，要允许孩子经历风雨

过多的宠爱、过度的赞美和过高的期望，会使孩子产生一个虚假的自我，总是自我感觉良好，总认为自己比别人强，目中无人，不尊重他人。长此以往，他们的自尊心便得不到锻炼，并且变得很脆弱。一旦受到外界的一点点挫败，自尊心就会大大地受到伤害，很难接受挫败。

自尊心是锻炼出来的。在日常生活中与伙伴、老师、家人交往的过程中，孩子可以在各种有成就感或有挫败感的事件中锻炼自尊心。很多孩子的自尊心过强都是由于父母努力"保护"孩子免受失败的折磨，甚至为孩子一味护短、护错、护丑、护"利"造成的。其实，放手让孩子自己去面对问题，适当地感受失败、不如意，这样更有利于孩子自尊心的健康发展。

比如，在和孩子玩竞争游戏时，我们不能为了满足孩子的虚荣心而故意输给孩子，应让他也尝尝失败的滋味；当孩子做错事后拒绝接受批评并大发脾气时，我们不妨试试暂时隔离法，或接受惩罚法，让孩子体验受惩罚的感觉。

有意识地让孩子经历些风雨，让他面对各种各样的负面环境，这对孩子十分有利。如果一个孩子从小没能经历各式各样的磨难，那等他长大后一定会付出十倍、百倍的代价。现在如果不让孩子经历一些风雨，那么将来他就不能从那些无法避开的挫折中走出来。

3.针对孩子的行为进行适度表扬

父母没必要事事都表扬。等到孩子大了，对于孩子力所能及又微不足道的日常事务，没必要给予表扬。如果孩子跑来邀功，我们可以用一些中性词，如"还不错""挺有趣"等来评价。只有孩子真正付出了努力，如孩子通过自己的反复尝试把拼图拼好了，我们才要真诚地去表扬他，以强调孩子在这件事中付出的努力。

同时父母应该淡化对孩子做某件事的结果的关注，重视做事情的过程，应客观、具体地评价孩子哪里做得好，并告诉孩子哪里还需要改进。比如看孩子的涂色作品，可以这样评价："嗯，颜色没有涂到外面说明你很仔细，但是里面的空白还有点儿多，如果再涂满一点就更好了。不过你第一次涂能涂成这样已经不错了，下次一定会涂得更好。"这比简单盲目地用"真棒""太好了"这些情感色彩过于强烈的积极评价好得多。具体评价方法，我们在上一小节已经谈论过了。

另外，表扬尽可能对事不对人，对人的表扬往往会增加孩子的虚荣心，而对所做事情的认可往往会增加孩子的成就感。此外，在他做得好的时候，对他的做法要表示认可，做得不好的时候，要留有余地。即使没做好，是孩子对这事做得不好，而不是孩子这个人不好，鼓励孩子改进方法就可以了。

4.引导孩子养成正确的价值观，不以成败论英雄

父母要引导孩子在认识自己优点的同时也需要关注别人的优点，不能用成败来论英雄，父母可以在日常生活中对孩子进行引导。比如，在看奥运会、世界杯的时候，对那些表现很努力但最终输掉比赛的一方，要表现出极大的赞赏，并说明原因。这种潜移默化的教育，往往会收到很好的效果，无形中会帮助孩子养成正确评价事情的观念。

另一方面也可以通过一些游戏来淡化孩子的输赢意识。年龄较小的孩子，尤其是男孩们都喜欢争强好胜，可以通过一些小游戏来淡化他们的输赢意识，引导孩子以平常心正确看待成功与失败，让孩子赢得起，也输得起。平时可结合奖励措施，和孩子做一些玩"输"的反规则游戏。比如，和孩子玩"石头剪子布"游戏时，"奖励"赢的一方给输的一方讲故事。在游戏过后，父母要教育孩子客观地认识输赢，正确地看待成败。这种正确的输赢观会在将来孩子进入小学时逐步显示其优势，在孩子们长大步入社会时，将会拥有一种优良的心理品质——心理承受力。

重要提醒

01

孩子的小气、自私是孩子自我意识发展的必经阶段。

02

2—3岁是孩子人生中的第一个"叛逆期"，不要压制孩子的"叛逆"。

03

进入镜像阶段，孩子会从表情、情绪中模仿养育者，请做孩子的好镜子。

04

对孩子形成积极评价，你的"他评"会内化为孩子的"自评"。

05

孩子的自尊比金子珍贵。

第 **3** 章

孩子的情绪情感

父母良好的情感气息，
家庭和睦的生活氛围，
是培养孩子
稳定情绪、相信他人、信任世界
的环境基础。

一、孩子情绪发展的规律

很多妈妈会发现自家孩子刚出生的时候只有简单的哭、笑和平静，但随着年龄的增长，逐渐开始变得"有脾气"，比如烦躁、不耐烦、反抗。其实孩子的这些情绪是有一定规律的，我们只有在了解孩子情绪世界的基础上，才能应对接下来孩子的各种问题。现在，和我一起打开孩子的情绪地图吧。

人一出生就有情绪，孩子或者喜欢哭，或者喜欢安静，或者喜欢手舞足蹈，这些都是孩子最原始的、基本的情绪反应。这些反应是孩子一出生就自带的，不需要别人教就会的，这些情绪反应和孩子的天生气质以及生理需求是否得到满足直接相关。

（一）孩子情绪发展阶段

随着生理和心理的发展，孩子会逐渐产生其他情绪，最后会具备愉快、兴奋、惊奇、厌恶、痛苦、愤怒、惧怕、悲伤等情绪。这些不同的情绪，从孩子出生到1岁左右陆续形成，它们的形成有一个时间规律，这规律与孩子的生理成熟与适应需求是否得到满足相关，这个时间规律有一定的普遍性，但是每个孩子也会有个体差异。

第一阶段（0—1个月）：这时候孩子具有一系列基本情绪体验，会出现感兴趣、痛苦、厌恶和快乐的面部表情。如孩子对生理的满足和温柔的抚摸会产生一种广泛的松弛反应，他们会感觉快乐；柔和的光以及柔和的声音刺激会诱发感兴趣的体验。

第二阶段（1—6个月）：孩子其他基本情绪体验如愤怒、悲伤、欢乐、惊讶和害怕等陆续显现。其中痛的感觉成为引起愤怒和悲伤的刺激源，如果孩子的预期未能实现，比如吃奶时等的时间太长，2—4个月的孩子会发怒，4—6个月的孩子则会伤心难过。当2—8个月大的孩子感到自己能控制自身以外的事件时，就会有强烈的惊奇和欢乐的情绪。无论是伤心还是欢乐，这些基本情绪都具有很深的生物根源，无论是外国的孩子还是中国的孩子都会在这些情境下产生这样的情绪。孩子如果能够有求必应，得到充分的满足，就会得到未来人生中一个非常宝贵的心理潜能——全能感，这种全能感可以让孩子成人后不畏惧挑战，在压力面前保持效能感。

第三阶段（6个月后）：孩子开始产生惊奇、害羞和嫉妒的情绪。新鲜的刺激会诱导孩子产生惊奇的情绪，而陌生人的出现则可能会导致他们害羞，看见别人深情地拥抱或妈妈抱别的孩子，可能会诱发孩子嫉妒的情绪体验。

表3—1　孩子情绪发生时间表

情绪类型	最早出现的时间	产生原因	经常出现的时间	产生原因
痛苦	1—2天	生理刺激	1—2天	生理刺激
厌恶	1—2天	不良气味或味道	3—7天	不良气味或味道
微笑	1—2天	睡眠中的生理反应	1—3周	睡眠中的生理反应或者抚摸面颊
兴趣	出生后4—7天	温柔的光、声刺激	3—5周	温柔的光、声刺激或运动的物体
愉快	3—6周	熟悉的语音或者面孔	2.5—3个月	熟悉面孔的刺激或玩耍
愤怒	4—8周	持续性痛的刺激	4—6个月	持续性痛的刺激或身体活动受到了限制
悲伤	8—12周	强烈持续性痛的刺激	5—7个月	与爸爸妈妈分离
惧怕	3—4个月	身体突然从高处降落	7—9个月	遇到陌生人或者十分新奇的事物
惊奇	6—9个月	突然出现新鲜的刺激	12—15个月	新鲜的刺激十分有趣
害羞	8—9个月	熟悉环境中有陌生人接近	12—15个月	陌生人关注自己

（二）孩子异常情绪案例

先来看下面这两个例子：

早上，妈妈送刚入园不久的儿子到幼儿园，离开时孩子声嘶力竭地哭闹着要妈妈。这时候，幼儿园老师给了他一颗糖，孩子拿着糖高兴地笑了。

一个4岁的小朋友因为某件事情在幼儿园里高兴地拍起桌子来，周围的孩子也跟着拍，而且情绪也和第一个拍桌子的孩子一样兴高采烈；一个小朋友喊"我要优酸乳"，其他小朋友也跟着喊"我要优酸乳"；一个小朋友拉着老师的手，其他小朋友也围上来，争先恐后要拉老师的手。

（三）幼儿情绪的典型特点

上述孩子的行为表现出了幼儿情绪的典型特点。

这个时候的孩子，社会情感的发展还没有完善，因此情绪善于相互传染。他们对情绪的控制能力不强，生活中孩子常常会出现一会儿哭一会儿笑的场面。随着年龄的增长，孩子对情绪的控制能力才会有所增强。整体上看，孩子的情绪具有易冲动、易外露、易传染等特点。

易冲动。孩子时常会因为一点儿小事而大哭大叫，也会因为一点儿满足或一点儿发现又跳又叫、高兴异常，经常用过激的动作和行为表现自己的情绪。比如，孩子看到故事书中的"坏人"，常常会把它抠掉；新入园的孩子看着妈妈离去时，会伤心地哭；但妈妈的身影消失后，经老师引导，很快就愉快地跟其他小朋友玩起来了；如果妈妈从窗口再次出现又离开，又会引起幼儿的不愉快情绪。由于这种冲动性，孩子有时难以控制自己的行为。

易外露。孩子的情绪变化会被毫不隐藏地表现出来，不掩饰、不控制，而且常常是通过自己的身体语言来表达。比如不高兴就哭，高兴、舒服就大笑或者手舞足蹈，并急于分享出来，愤怒就瞪眼跺脚等。这主要是因为，在生理上，孩子的大脑皮层兴奋感强，难以抑制；在心理上，孩子意识作用还比较差，不懂隐瞒自己的内心体验。

易传染。孩子的情绪非常容易受到周围人或者其他儿童的影响，例如幼儿园刚入园的孩子还没有适应，如果一个小朋友哭，会带动全班的小朋友都哭起来，整个场面变得极其混乱；又如孩子在看电影、听故事时极容易被故事中的人物情节所打动。

幼儿期晚期，情绪受影响会逐步降低，但仍然容易受亲近的人，如爸爸妈妈和老师的感染，因此，父母必须注意管理好自己的不良情绪，尽可能在家里保持平稳且良好的情绪。另外，可以借助幼儿情绪的易感染性，培养孩子的同情心、同理心，这是培养其他良好情感的基础。

二、爱哭鼻子的乐乐
——找准孩子"哭"背后的心理需求

（一）爱哭孩子的特征

五岁半的乐乐很爱哭，经常动不动就因为一些小事哭起来。在家里，邻居们都知道；在学校，老师们都清楚。生病了，妈妈带她去医院打针，还没到医院门口就开始哭，打完针之后，更要哭很长时间。在幼儿园，和其他小朋友一起搭积木，搭到一半，不小心塌了，她就大哭起来；和小朋友们比赛拍球，没有别人拍得多，她也会哭。为此，小朋友们叫她"玻璃人"，乐乐就哭得更厉害了。为了乐乐这个哭，爸爸妈妈和老师费了不少心思，无论怎么说都没有用，如试着给她戴高帽子、找她谈话、批评等等方法，但效果还是不好，爸妈和老师十分烦心，前来寻求心理帮助。

乐乐爱哭已经形成了一种惯性。我在第一次和她父母交流中了解乐乐的成长史的时候，得知她很小的时候就是通过哭来向父母传递信息的，哭就成为乐乐和大人早期交流的方式。由于孩子早期无法进行语言表达，就会通过哭来表达情绪和需求，比如婴儿哭泣可能代表饿了，或者拉屎了，或者需要大人帮忙翻身了。一般来说，随着孩子的年龄逐渐增长，有时候还是会由于某种原因哭泣，不过总体说来，哭的次数会逐步减少。但如果已经进入幼儿园大班，还经常通过哭来表达诉求就不恰当了，不仅让老师觉得孩子太脆弱，还会影响和同龄孩子的人际交往。这时一定要早干预，否则形成表达情绪的习惯要再纠正就需要更长的时间和更多的耐心。

孩子爱哭一般有两种原因：一种是先天气质类型的敏感爱哭型（这种情况有时候在父母，尤其是母亲一方可以窥见一斑）；另一种是由于后天父母家庭教育不当引起的。先天气质类型的孩子，敏感爱哭，常为小事发脾气、抱怨，即使没有什么不愉快的事情，想让他笑也不容易。敏感爱哭的孩子时常会哭，摔倒了要哭，玩的东西被抢走也哭。这类孩子的哭泣，在很大程度上是一种情绪宣泄，有研究发现，爱哭的人在情绪上和身体上比不爱哭的人要健康，所以我们也不要把哭完全认为是坏事。但这类孩子有时候哭却是因为怕失败、怕受挫折、怕困难，这是缺乏自信心的表现，无可奈何的情况下只能用哭来解决。

还有一种孩子爱哭是由于教育方式不当所致的。一般来说，孩子过了3岁以后，就会逐步减少无端的哭闹，但还是有些孩子会在毫无征兆的情况下哭闹起来。这种爱哭的孩子是由于家庭教育方式不当导致了"哭期"的拉长。例如，家人的过度保护、溺爱迁就容易导致孩子爱哭，这种家庭常见于三代同堂或者晚育家庭的结构。在这种环境中长大的孩子，受不了一丁点儿的委屈，遇事除了会哭，别无选择。因为他们知道一哭大人就会想方设法来满足要求，孩子有时候用哭来威胁爸爸妈妈，哭成为一个满足自己要求的"撒手锏"。或许一开始孩子只是以这种方式表达自己内心的失落和委屈，哭仅仅是情感的宣泄。可是，有的爸爸妈妈一看见孩子的眼泪心就软，立刻妥协。久而久之，孩子可能就把"哭"作为实现自己目的的灵丹妙药了。从孩子心理的发展过程来看，如果孩子到了四五岁，还是喜欢用哭来解决问题，表达情绪，就说明平时的教育出现了问题，爸爸妈妈就要改进自己的教育培养方式。在这种模式下培养出来的孩子会对父母有一种莫名的愤怒，因为父母的过度保护，培养出的是无能的孩子，当孩子发现自己什么也不会做，什么也做不好，事事都要依赖父母，就会在潜意识中逐步发展出对父母的愤怒。这种愤怒的表达常见于青春期。

（二）对待爱哭孩子的心理小建议

面对爱哭的孩子，我们需要找到孩子爱哭的原因，反省自己平时的教育方式，根据不同的原因来考虑解决办法。

1.爱哭气质的孩子更要智慧教育

我在心理咨询的职业生涯中，时不时会遇到爱哭的成年人，他们几乎都会说相近的一句话："我从小就爱哭，哭似乎是从娘胎里带出来的。"一般说来，这种哭跟天生气质有关系。

如果自家孩子是气质敏感型，我们首先要对其性格敏感表示理解，这些敏感的孩子在感受疼痛及外界刺激时比其他孩子要更强烈，所以他们情绪更加敏感。

因为性格的原因，爸爸妈妈不要强行制止这类孩子哭泣，反而我们要适度地表达理解和同情，因为这样让孩子觉得有人理解自己，心情自然会好很多而不继续哭闹。同时我们应该多进行一些心理鼓励，为了让敏感的孩子少哭、少流泪，我们不一定非要鼓励说他是个坚强的孩子，这样有可能会引发孩子情绪的压抑，而应该在生活中去发现例外时刻。寻找例外，是心理学后现代流派的技巧，父母们可以借鉴。

比如，某一次发生了一件事，按照惯例孩子会哭，但是那一次他没有哭或者哭得不是很厉害，父母马上就需要去强化这个良性行为。同时，在日常生活中，不断强化他们的成就感，对于做得好的事情多鼓励、多表扬，逐渐固化成一种习惯。"妈妈发现你在玩滑梯的时候摔倒没有哭。""昨天姐姐跟你闹矛盾的时候你没有哭。"帮助孩子寻找到例外，孩子就会把例外扩大到更广阔的范围。

日常对他们要温和，少批评，多表扬，即使孩子做事没有达到我们的期望，但他只要尽力了，就不要批评他。假如孩子骄傲地告诉我们"我自己会系鞋带了"，我们不要因为他没有系正确而去指责他，而应先鼓励他自己系鞋带是件值得表扬的事情，然后耐心地教他正确的系法。同时，日常中多和孩子交流，让他明白当他自己倾诉时，爸爸妈妈是永远支持他的，这样，他敏感的性格会逐渐因为信心的建立和感觉被理解而逐渐变得强大。

2.时常反省自己的教育方式

有些孩子爱哭可能不是由于自身敏感，而是爸爸妈妈不当的教育方式导致的。比如，当孩子是因为没有满足自己的要求而任性哭闹时，爸爸妈妈可能会以自己的承受能力或者价值判断来否定孩子的要求，长此以往，孩子的需求如果长久得不到满足，就养成了爱哭的习惯。另一方面，面对孩子确实不合理的、过分的要求，有的爸爸妈妈则因为不忍心看到孩子哭泣而时常娇惯，一哭就满足，孩子则会觉得哭是满足愿望的最好方式。

3.具体的操作流程

在孩子哭闹的时候，我们不要马上就去哄他，父母首先要学会控制自己焦虑的情绪，因为爱哭的孩子特别敏感，我们的一些情绪极易影响他们。当孩子对道理置之不理时，可采取置之不理的忽视法，让孩子明白哭不能引起大人的注意，哭也不能解决问题。但是过程中不能威胁孩子："不要再哭了，否则我会……"这样的威胁很容易使孩子产生逆反心理，导致孩子哭得更厉害。

有些家长恐惧孩子的哭，于是采取一些错误方式来制止、恐吓孩子，借以制止孩子的哭声，这样做是非常不恰当的。我们尝试接纳孩子的情绪，尊重孩子哭的权利，倾听孩子的心声，引导孩子学习管理情绪的方法。如果他的负面情绪总是被否定、被制止，他就会产生自我怀疑：为什么我常常有这些不好的情绪？是不是我比别的小朋友有更多问题？这种自我怀疑，将会潜伏在孩子的潜意识里，孩子会带着这股潜意识长大。另外，强行制止孩子的哭，可能会导致孩子和父母更烦躁，越是强行制止，孩子越是抽抽搭搭哭个不停；但是如果通过妥协来制止哭声，又会助长孩子动不动就拿起"哭"的武器。

另外需要向家长们提及的是，如果因为不能满足需求就随便哭泣这个习惯不能得到及时纠正，等到孩子大了，可能会养成爱撒泼耍赖的习惯。一旦爸妈不能满足要求，就发脾气，直到他们答应为止，孩子会慢慢形成这样的逻辑：我乱发脾气，父母就会妥协，我就能达到目的，下次或再下次我还要这样。发脾气便成了孩子表达愿望和实现要求的最直接、最有效的手段，将来当孩子进入学校，就会把家里的模式照搬到学校和未来的人际关系中。

还有的父母为了图省事，比如听到孩子哭，就给孩子递一个手机或平板，孩子一打开动画片或者游戏哭声瞬间停止。父母发现这是一种非常好使的方式，殊不知，这种方式带来的后遗症将异常巨大。其一，父母只是通过游戏转移了孩子的注意力，而孩子真正的情绪问题并没有得到解决；其二，大量的游戏或者数字化信息会造成孩子大脑的变化，冲动性增加，负责理性和决策的额叶发育滞后，还会大大影响孩子的注意力水平。

父母必须分清孩子的需求是否合理：如果合理，就应该满足孩子的要求；如果不合理，就告诉他现在不该得到这些东西的理由，或在什么时间、什么情况下父母可以答应他的要求，并且要坚持立场，不能妥协。孩子会渐渐认识到：因为我的要求不合理，所以妈妈才不答应。

同时我们需要及时引导孩子表达和控制情绪。如果孩子终于停止了哭闹，该做些什么呢？这个时候孩子和父母都感到筋疲力尽了，我们要先让自己缓过劲儿来，不要在这个时候教训孩子，比如"看，你哭也没有用吧"类似于这样的毫无意义的话。

然后，我们可以先安抚孩子的情绪，比如："哭了很久一定很累吧，先擦擦鼻涕和眼泪。"接下来和孩子聊聊怎么控制沮丧的情绪，要告诉孩子，每个人都难免会心情不好，但是不能用这样的方式来发泄自己的情绪。对于大一点儿的孩子，父母应该重点和孩子聊聊为什么会大发脾气，引导他思考下次怎么才能合理地表达和管理情绪。

一开始的时候孩子不会做得很好，我们要允许孩子有一个学习的过程。如果孩子能够用你教的合理方式表达情绪，一定要及时表扬，比如："你不高兴的时候告诉了妈妈，做得好！咱们一起想想怎么解决这个问题。""你告诉我这让你很生气，但是这一次你没有用哭闹的方式，爸爸先给你点个赞！我们来看看还有没有其他能让你接受的办法。"爸爸妈妈甚至可以偶尔奖励一下孩子。比如，奖励一块巧克力或者抱抱他，同意他多玩一会儿，这样有利于巩固他取得的进步。

三、受到惊吓多抱抱——消除孩子的恐惧情绪

（一）恐惧情绪的来源

盈盈上幼儿园后，有一段时间由于妈妈比较忙，改由爸爸去接，爸爸因工作原因，接到盈盈后把盈盈直接带到自己单位，下班后再把孩子带回家。一段时间过后，妈妈发现盈盈越来越胆小，不敢一个人做任何事，一会儿害怕这个，一会儿担心那个，变得特别黏人。

上周，妈妈正好有时间，就自己去接盈盈。盈盈见到妈妈后特别高兴，拉着妈妈的手说："妈妈，你能不能每天都来接我啊？"妈妈很纳闷地说："爸爸接也是一样的呀。"盈盈却把脸撇向一边，嘟起小嘴说："我不要爸爸接，我不要爸爸接，爸爸那里太可怕了！"妈妈觉得很奇怪，继续追问。盈盈惶恐地说："爸爸公司里有大老虎，天黑了就要出来吃人！我很害怕！"

原来，爸爸有一次把盈盈接到单位后要参加一个临时会议，就把她托付给办公室里其他同事照看一会儿。那天爸爸开会开得比较晚，爸爸的同事陆续回家了，最后一个准备离开的同事担心自己走了以后盈盈乱跑，就对她说："盈盈，你一个人别乱跑啊，只能在办公室等爸爸，因为这楼里有大老虎，乱跑大老虎会吃人。"妈妈听后特别难过，原来盈盈每次去爸爸公司都心惊胆战，而且在好几次的梦境中还梦见了一只凶恶的大老虎。此后，妈妈再忙也会自己去接盈盈，不断消除她心里的恐惧，重建安全感。

盈盈的种种表现源于她对爸爸公司"大老虎"的恐惧，恐惧

是一个人最基本的原始情绪，是人面对真实的或想象的危险情境时一种本能的情绪反应，这种本能情绪从一出生便如影随形般开始了。小的孩子要比大一点的孩子更加胆小和脆弱，会怕巨大的声音、怕黑、怕陌生人、怕巨大的物体、怕动物，一些司空见惯的事物对孩子来说却非常可怕。

人类早期最基本的恐惧来自远古时期，是人类祖先在生存危机中不断进化得来的本能。比如怕黑，黑暗中容易隐藏对自己不利的东西，却很难被发现。比如害怕突如其来的巨大声音，在远古时代或许意味着野兽或敌人来袭，还有那时无法理解和战胜的雷电；另外我们普遍害怕失去平衡或者跌落。

孩子一开始的恐惧带着人类的集体潜意识，是人类的本能，但是随着孩子思维能力、想象力的发展，恐惧感会变得抽象起来。可能会因为一个读过的故事或者提到的令人害怕的情节而恐惧，也可能会因为在动物园看到关在笼子里的狮子、老虎而恐惧，或者是因为一个看到的动画片画面、绘本插画而恐惧，更有可能是由于一次受挫、一次挨骂而产生的心理阴影而恐惧。

那么，面对这种情况，我们该如何消除孩子的恐惧情绪呢？

（二）安抚恐惧孩子的心理小建议

1.给孩子支持，让他宣泄恐惧感

对于孩子表现出来的恐惧感，父母应重视，要找到引起恐惧的原因，并给予及时的鼓励和安慰，让他拥有安全感。

例如一个4岁的男孩睡觉时梦见一条蛇要咬他，他告诉了妈妈，如果妈妈拿棍子"打蛇"，这样只能给孩子"屋子里真有蛇"的印象，让孩子更害怕。如果妈妈打开灯，让他看看屋里并没有蛇，孩子则会安心睡去。

一般而言孩子的恐惧情绪可能朝不同的方向发展：第一种是被克服，或随着孩子年龄的增长而自然消失；第二种是没有得到很好的疏导，在孩子心里留下阴影，成为影响孩子生活的障碍；第三种则是逐步发展成重度的恐惧感，导致失眠、发烧等躯体症状，成为心理疾病，影响孩子的成长发育。

如果孩子在恐惧中大哭起来，你赶到他的身边想帮助他时，最先应该做的是用力搂紧他并有节奏地轻轻拍打，让孩子把恐惧情绪宣泄出来，使他相信自己是安全的。

或许一开始搂紧他的时候会遇到一些困难，当你靠近他或抱住他时，他可能会推开你，把你当成他的恐惧对象，好像你一靠近就要伤害到他似的。如果他哭叫着跑开，你要慢慢地再次靠近他，他可能会继续哭叫，甚至还会愤怒地打你，你应该守在他身边并试图抱着他。但是搂紧他时应该注意方法，也要保护好自己，为了不让自己被弄伤，他用手打你时，你可以用手挡着他的手臂弯下身子，让他的拳头落到你的肩膀或后背上；另外，如果他要揪你的头发或抓你的脸，你就轻柔而坚定地握住他的手，把它们拿开，并告诉只要他还想伤人，你就不会放开他的手；如果他用脚踢你，你可以轻轻地把他抱起来放在自己的膝上，脱掉他的鞋，这样你就不会被踢到。我们不要因为怕受伤去制止他挣扎，因为允许激烈挣扎就是允许他宣泄恐惧的感觉，这样就能让他闯过恐惧的这道难关。

我们不应该阻止孩子宣泄恐惧或哄劝孩子转移他的注意力，甚至斥责他、嘲笑他。这样做只会导致恐惧埋藏在孩子的内心，他没有机会通过哭喊打闹宣泄出恐惧感，就不能面对使他恐惧的事物，也不会明白现在是安全的，在将来遇到类似的情景他也只能通过压抑的方式来处理这些恐惧。

2. 让孩子不再逃避令他恐惧的事物

帮助孩子消除对恐惧事物的不正确认识和神秘感，是使他克服恐惧感的重要方法。孩子的恐惧往往是由于缺乏知识、经验不足，或者由于错误的认识产生的。一旦明白真相，恐惧心理便会自然消除。如孩子恐惧雷电，爸爸妈妈可向孩子说明雷电产生的简单道理，让孩子明白雷声只是一种自然现象，从而消除对雷电的恐惧感。

当孩子惧怕无须恐惧的事物时，我们可以诱导他逐步接近所怕事物，分步骤、分阶段消除对特定对象的恐惧，这种方法在心理学里叫作系统脱敏法。

比如一个孩子对一只青蛙感到害怕，父母就可以把青蛙捉住，放在离孩子有一定距离的地方，先让孩子慢慢观察，看习惯后再走近它，看它跳跃；然后再由别人捉住，叫他轻轻地去抚摸。这样逐步去做，一直做到他能自信地观察一只青蛙，如同看到一只蝴蝶或麻雀为止。同样的方法也可以去治疗一个害怕兔子的孩子。每当孩子吃饭时，我们可以把关着小白兔的笼子带进房间里来，最初放到离饭桌最远的地方，以后一天天靠近桌子，最后可以把小白兔放出来在屋内跑，到几次吃饭结束时，孩子就一点儿也不怕兔子了。

同样，针对好多孩子都害怕的小狗，可以先让孩子敢于接近玩具狗，再与真狗接近。在与真狗接近时，先让他多靠近体形较小的狗，然后再教孩子如何与狗"说话"，如何与狗玩儿。这样循序渐进，孩子就会逐渐地不怕狗了。

对于孩子的恐高症，亦是如此训练。

3.改变梦境，句子接龙

白天的恐惧有时候会出现在夜晚象征性的梦境中，如果第二天一早孩子告诉父母，他昨晚做了一个非常恐怖的梦，你只需要紧紧抱着孩子，用轻柔的声音说："宝宝昨晚做了一个可怕的梦，但是那不是真实的，现在妈妈抱着你，我们重新做一个美梦吧。"然后和孩子玩句子接龙的游戏，并把故事往积极的方向引导，比如孩子说："一只恐龙在追我。"妈妈说："宝宝梦到恐龙在追自己，这时候突然跳出来一个猎人，猎人拿出了猎枪……宝宝，后面会发生什么呢？"或者"天空飞来一个热气球，刚好落在了我们的身边……"等等。

不过需要提醒的是，如果孩子年龄小，父母平时不要给孩子讲鬼神的故事，也不要让孩子看恐怖影视片，更不要用鬼神、毒蛇、老虎之类的事物来吓唬孩子。因为孩子的恐惧通常跟想象密切关联，他们往往分不清哪些是现实、哪些是想象的结果，他们会把影视、故事中的恐怖情节或画面当作现实存在的东西，引发恐惧情绪。

四、"如果疼，就大声哭出来"
——化解孩子的悲伤情绪

（一）孩子悲伤情绪的来源

小果牵着妈妈的手一蹦一跳地在小区玩耍，突然一不小心被石块绊倒了，看样子摔得不轻，眼泪在眼眶里打转。妈妈蹲下来，扶起小果，妈妈没有责怪小果："你为什么不小心一点儿？"也没有说："坚强些，男子汉是不哭的。"而是摸摸小果摔疼的地方，对他说："如果你觉得很疼，就大声哭吧。"说完，妈妈把小果搂在了怀里。奇怪的是，小果只哭了一会儿，哭声很快就止住了。妈妈细心地为小果擦去眼泪，问他："现在还疼吗？"小果轻轻地点了点头，主动拉起妈妈的手说："妈妈，没刚才那么疼了！"

圆圆妈妈每天早上开车送女儿去幼儿园都痛苦万分。在和妈妈告别时，圆圆都会哭闹，甚至抓住妈妈不松手。妈妈批评圆圆太不懂事，总是这样会影响妈妈工作。当妈妈这么一说，圆圆会哭得更厉害，在幼儿园一整天都闷闷不乐，不说话，更不和小朋友玩儿，显得非常孤僻。妈妈接受心理咨询后，和老师充分沟通，每天提前10分钟到达学校，和孩子在幼儿园门口玩耍一会儿，同时每天离开时，妈妈都坚定地告诉她："妈妈下班后会立刻来接你回家。"前三天早晨，圆圆同样哭了很久，每次妈妈都温和地说："圆圆该进学校了，妈妈也该去上班了，妈妈下了班会立刻来接你。"经过一段时间，圆圆哭的时间比原来缩短了很多。老师后来说，圆圆的自信心在最近几周有显著增强。

案例中的两位小朋友在遇到困难时都会不由自主地哭泣，但是妈妈们并没有粗暴地制止他们。

我们会发现，孩子的眼泪常常令父母抓狂。面对孩子的哭泣，尤其是歇斯底里的哭喊，我们往往束手无策。孩子为什么总是哭？其实孩子哭泣一定事出有因，起初哭泣是婴儿期孩子表达诉求的一种方式。由于不会说话，婴儿在饿了、尿了、困了、太热或太冷、周围太吵、无聊孤单、生病的时候，都是以哭泣来表达他们的感受与需求，以吸引家长的注意和陪伴。处在这个时期的家长应该去了解孩子真正的内心需求，并且熟悉各种不同需求的不同哭声，才能准确解读孩子哭的语言，及时满足孩子的需求，以免哭闹无休止。

对于学会说话的孩子来说，哭泣更多的时候是宣泄情绪的一种方式。比如，玩具被摔坏了，自己被别的小朋友推倒了，醒来后找不到妈妈，这些事都会使孩子伤心。由于孩子幼小，感情脆弱，情绪上往往易表现为冲动性和不稳定性，加上不善于表达和调节自己的情感，尤其是在遇到伤痛的事情时，掉眼泪是最直接、最常见的表达方式。

孩子不会说话时，哭是表达需求的主要方式。但1岁后的孩子哭了，家长该不该抱，让不让哭？有的人主张孩子哭的时候不能抱，也不让哭，否则会宠坏孩子；也有的人认为不抱孩子的父母心太硬，让孩子一个人在那儿哭太可怜，严重时可导致情绪和精神问题。

首先我们需要弄清楚孩子哭的原因，每当孩子哭泣时，父母首先要搞清楚：孩子是怎么哭起来的？是真哭还是假哭？是大哭大闹，还是小哭小闹？孩子哭的原因不一样，处理方式也应当有所区别。

如果是伤心地哭，比如摔倒了、饿了、挨骂了、玩具找不到了、要和妈妈分开了，父母袖手旁观或指责打骂都是错误的。孩子对父母关心或漠视的态度非常敏感，如果孩子哭了却没人理睬，孩子的不安情绪就会加重。这时候，父母应该先耐心地安慰孩子，等他不哭了再去了解原因、解决问题。如果是要挟地哭，为达到某个目的又哭又闹，乱发脾气，父母则应采取另一种策略来应对，这个问题我们在前面的章节中提到过。那么，应对孩子的悲伤，我们该怎么做呢？

（二）抚慰悲伤孩子的心理小建议

1.让孩子适当宣泄

哭是孩子宣泄悲伤情绪的一种方式。孩子哭的时候，父母最不应该做的就是叫孩子立刻停止，"憋回去"，或者以威吓的方式强迫、限制孩子不准再哭。更不要给孩子贴上"爱哭"的标签，或动不动就对人说自己的孩子爱哭，不断对孩子进行负面暗示。我还经常遇到有的父母，看到孩子快哭了，马上说："宝宝很勇敢，长大要当解放军，你看宝宝，人家没哭，真的没哭呢，宝宝真棒。"活生生地把孩子的情绪给压了回去。

哭泣可以很好地调解孩子的情绪。在孩子开始哭时，我们换一种做法，允许孩子把悲伤宣泄出来，就能直接调整孩子的情绪。哭泣是自然的康复过程，让孩子排除受到伤害的感觉，愈合感情的创伤。孩子努力消除自己的坏情绪时，有父母在他身边，他会感到自己最困难的时候得到了支持和关心。一旦通过哭泣排除了烦恼，整个过程结束时，他就又可以精神焕发地面对生活。所以，倾听孩子的哭泣，能使他得益于所面对的困境，并从所受的伤害中恢复过来。

父母爱意的目光和轻柔的抚摩是能给孩子的最有力的支持。孩子哭的时候，你把他搂在怀里轻轻地摇晃着，温柔地轻抚他的头和面颊，这些举动都会把你殷切的关心直接送入他的心间，让他的情绪慢慢放松下来。

2.耐心陪伴，帮助孩子走出痛苦

孩子哭泣可能会产生连带作用。孩子开始哭泣时，是为了刚刚发生的事情，但他之后可能会想起以前发生的伤心事而哭得更厉害，而且时间也许会长达数小时之久。对于孩子来说，这个机会非常宝贵，他已经等了很久。你表现得越温和、包容，他哭得越久、越厉害，因为感受到了你的支持和关注。对于我们成年人，也往往有类似的经历，在困难的时候，别人不期而至的关心会在一瞬间让我们不禁落泪。孩子也是如此，他获得的关心和安全感越多，就越容易流露情感，在哭过之后，越能深深地感受到莫大的轻松和愉快。

这个持续的过程真的需要父母的耐心。或许我们会担心，我们怎么会有半个小时甚至1个小时专门来听孩子哭呢？上学快迟到了！上班快迟到了！睡觉时间到了！大多数人觉得时间受限，没法这么做，也不值得这么做，但真正这么尝试过的父母，用一次迟到和规则的打破换来的是孩子成长的惊喜。

孩子伤心哭泣时，我们要意识到这是孩子处理自己不良情绪的重要时刻，把他搂在怀里，允许他哭出内心的委屈。孩子为了清除某种情感创伤，可能需要多次这样的宣泄，需要你付出相当多的时间和耐心。这样做并不是让你认可他的情绪，也不是教你纵容他。你只是在帮助他摆脱不良情绪，你的倾听可以逐渐减弱不良情绪对孩子的影响和控制。一旦孩子完成宣泄就是孩子心理康复的过程，相信我，他最初表现出的软弱无能的情形会得到明显改进，自信心会得到惊人的增长。

孩子除了用哭泣表达悲伤，还会用摔东西来表达愤怒。当孩子愤怒的时候，父母首先要保持稳定的情绪，可通过涂鸦、运动或在安全的地方扔石子儿来宣泄。

五、不敢一个人睡的丹丹
——协助孩子战胜分离焦虑

（一）孩子分离焦虑的来源

丹丹5岁了，妈妈一直想跟她分床睡，为此还在刚搬的大房子里面精心设计丹丹的卧室，还细致地分出了读书区、玩具区等等。丹丹也很喜欢自己的卧室，欢欢喜喜地答应了自己要一个人睡，可是没想到晚上一个人刚睡一会儿，便跑到爸爸妈妈卧室喊妈妈。妈妈问她为什么不能自己睡，丹丹委屈地说熄灯后自己感到很害怕，害怕会有老鼠从墙角钻出来，会有蜘蛛躲在某个角落里。妈妈想起没搬家时，因为房子比较旧，周围树木又多，丹丹小时候见过这些东西，那时候丹丹还小，确实会让她感到害怕。可是现在住进了新楼房，房间非常干净、宽敞，屋里根本没有那些令她害怕的东西了，可是丹丹依然不能独自一人睡觉。后来了解到，丹丹在幼儿园也不敢一个人午睡，总要求老师在她旁边不能走，并且很警觉地不时睁眼看看老师还在不在。

丹丹在家里不能独自一人睡觉，这与她在幼儿园不敢一个人独自睡觉本质是一样的，主要是内心缺乏安全感，睡觉时总有些担心和焦虑情绪。我们会纳闷为什么多数孩子晚上在家或者在学校都能够独自睡觉，而有些比如像丹丹一样的孩子却不能跟父母分床独立睡觉呢？

（二）不能独立睡觉的原因

1.不适应与爸爸妈妈分床睡

孩子一般在幼儿时期都是由父母陪伴睡觉的，尤其是妈妈照顾居多。睡觉的时候，妈妈贴心的照顾会让孩子有种极大的心理安全感，在内心也会产生依赖。所以，当到了一定年龄之后，妈妈提出分床，一些孩子就很不愿意。分床睡觉让有些孩子像被断奶一样难以适应，只有在不断鼓励下才可能跟妈妈分床睡。而有些孩子由于父母分床意志不坚决，导致孩子到了较大年龄还是会继续跟父母一方睡在一起。

2.内心恐惧或焦虑不愿意分床睡

有些孩子无法实现分床主要还是由于内心充满恐惧或者焦虑，像案例中的丹丹就因为在没有搬家前，晚上睡觉的时候曾经看到过老鼠或者蜘蛛这类令她恐惧的小动物，产生了恐惧心理，这种恐惧一直持续到了现在。孩子担心一旦睡着后，这些小动物会来攻击她。所以，丹丹是因为缺乏安全感而不愿分床，为了寻求保护，她就想跟爸爸妈妈睡在一起。而有些孩子的恐惧担心可能是爸爸妈妈的不当教育造成的，特别是有些孩子喜欢哭闹，这时候爸爸妈妈或爷爷奶奶为了制止孩子的哭闹，可能会编造一些恐怖的故事或者虚构一些可怕的事物来吓唬孩子，这样一来孩子就对这些虚构的事物产生莫名的恐惧。

（三）分床心理小建议

分床睡觉对孩子的成长是有积极作用的，分床睡觉看似是一件小事，但是却对孩子影响很大。因为这意味着孩子能够独立面对黑暗，能够独立处理恐惧，是孩子走向人格独立的一个表现。所以，我们应该想办法让孩子能够适应一个人独自睡觉。具体可以参考以下方法：

1. 出生后就单独睡

单独睡的意思绝不是让孩子一个人在房间睡，而是在爸爸妈妈的房间摆一张小床，妈妈喂奶后就把孩子放到另外的小床上，让孩子习惯独自睡觉的感觉。

2. 消除孩子独自睡觉的恐惧

如果孩子是因为害怕小动物或者其他事物不敢一人睡觉，我们首先要接纳孩子的这种恐惧心理，对他的恐惧情绪表示出理解，及时开导并帮助他，在感情上给予支持。另外我们可以借助之前的小节所讲的消除恐惧的办法来帮助他们消除对黑暗或者想象的小动物等的恐惧。

3.克服分床的暂时不适应

为了帮助孩子克服不适应能独立一个人睡觉，我们可以先做好床铺的布置，比如让孩子挑选喜欢的床上用品，一起和孩子做好物品摆放。因为是自己布置的床铺，所以孩子会更喜欢，或者在睡觉时把喜欢的毛绒玩具放在旁边，这样增加了孩子一个人独自睡觉时的安全感。同时，父母在分床过程中对孩子出现依赖不能轻易让步，比如孩子半夜来敲门，我们就不能轻易妥协让孩子跟自己一起睡，这种情况有了第一次，就会有第二次。所以，遇到这种情况，我们需要鼓励孩子继续一个人睡，告诉孩子他已长大，是个勇敢的宝宝。必要的时候可以去孩子房间陪伴一下，然后父母再回到自己的卧室。当然，在分床睡觉的初期，我们要在夜间进行探望，防止孩子把被子踢掉着凉。

4.借助精神力量，寻找榜样

另外，我们可以帮助孩子树立榜样，借助精神力量帮助孩子，特别是生活中和孩子经常在一起玩耍的其他小朋友，如果在一些方面比较勇敢，我们可以跟孩子交流他们的做法，这时候不要贬低孩子不如别人，而是分享那个孩子是怎么做的，告诉孩子他自己也可以做到。还有，就是帮助孩子挑选绘本中、电视上、故事里等被孩子认定或者崇拜的偶像性榜样，让孩子产生羡慕或者模仿之意，让勇敢的榜样渗透孩子的心灵中。

5.多锻炼孩子的胆量

一些孩子可能由于体质弱小，面对惧怕的事物不敢去挑战。我们要鼓励孩子多参加一些体育锻炼，特别是去参加那些挑战勇气的项目，必要时陪着孩子一起玩，既可以激发孩子的兴趣，又可以增强其勇气，学会保护自己。另外，在生活中我们要敢于放手，多让孩子去体验、去实践，多鼓励他们，不要包办代替，要注重在生活上培养孩子的独立能力，有意锻炼孩子独处的能力，比如独立接待客人，在父母协助下独立付钱买东西等。这样，久而久之孩子的勇气就会增加，就愿意尝试和探索。在生活中，我们可以适当教授孩子一些避险和克服困难的方法，也可以给孩子讲讲这方面的故事或新闻，使孩子培养勇气的同时又不盲目蛮干，拥有保护自己的能力。

6. 来自父母的焦虑

我想提示另一种可能。对于那些很难和父母分床的孩子，父母也需要反思。当有的妈妈在咨询室向我抱怨孩子不愿意分床时，我会问这些妈妈一个问题：究竟是孩子离不开你，还是你离不开孩子？

有的父母表面上看起来很想和孩子分床，但是在潜意识里不断释放出"不要离开我""离开我你是危险的"的信号，这种心态常见于母亲。在无意识的支配下，母亲成为孩子的过度照顾者，母亲用自己的全能映照出孩子的无能，让孩子产生"我自己不行，我需要妈妈照顾"的心理需求，孩子的年龄越小越容易接受这种妈妈投射出来的潜意识，所以表面上看起来是孩子不愿意分床，实则是母亲不想分床。

这在夫妻亲密关系不那么和谐的家庭中比较常见，因为陪孩子睡觉就可以合理避免和伴侣的亲密。

六、不肯去幼儿园的斌斌
——消除孩子的入园焦虑

（一）孩子入园焦虑的来源

这天早上，正赶上幼儿入学时间，小三班的教室里王老师和几个老师忙得不可开交，教室里哭声一片。这不，王老师刚刚安抚好两个，又一个小女孩扑过来哭着喊着要找奶奶。这时，年轻的李老师又把一个大哭大闹、横冲直撞的小男孩抱到王老师身边，说这个叫斌斌的男孩太难哄了，一直哭一直闹。小男孩哭喊得更厉害，拼命从老师怀里往外挣脱，嘴里大喊"我要妈妈，我要妈妈"，泪流满面，呼吸急促，甚至快要窒息。临近中午，斌斌的哭声终于变小了，断断续续问老师："妈妈什么时候来啊？"下午斌斌的哭声虽然没上午那么剧烈，但还是断断续续小声地哭，不断地说："我要妈妈。"第二天，妈妈来送斌斌，斌斌死死抱着妈妈不松手，妈妈强行挣脱离开了幼儿园，斌斌哭着只找王老师，其他老师都无法接近。

斌斌初次入园后的哭闹属于典型的幼儿入园焦虑。所谓幼儿入园焦虑，是指幼儿因入园导致生活规律及周围环境的变化而形成的焦虑情绪体验。孩子的入园焦虑从本质上说，是一种跟爸爸妈妈分离而产生的焦虑，在与爸爸妈妈分离之后，孩子离开了父母等周围比较熟悉的家人，就容易形成烦躁、忧伤、紧张、恐慌、不安等情绪。

入园焦虑的产生可以细分为三个方面的内容：首先是依恋—

分离，即孩子与依恋的爸爸妈妈分离出现焦虑；另一个是任性—约束，即孩子在家可以任性而为，想做什么就做什么，而在幼儿园则不得不受老师的约束；最后一个是依赖—自理，孩子在家日常生活可以依赖爸爸妈妈，而在幼儿园老师只是引导，很多事情要开始自理。这三方面的主要变化有可能导致孩子焦虑，导致入园不适应。

孩子入园焦虑会对孩子的幼儿园生活造成很大影响，不仅不能让孩子正常参与到幼儿园活动之中，甚至会让孩子变得孤僻、沉默、心情抑郁，为性格发展埋下一些隐患，如果孩子有以下表现，那么爸爸妈妈要多加注意，考虑一下自家孩子是否出现了入园焦虑情况。

（二）孩子出现入园焦虑的表现

1.拒绝与爸爸妈妈分开

当孩子被送到幼儿园的时候，他会大哭不止，有的孩子甚至在得知要去幼儿园就不肯出家门，或者是一接近幼儿园大门就开始哭，爸爸妈妈离开时抓住他们的手不放，对老师很抵触，拼命推开或撕扯老师；还有的在吃饭、睡觉、上课、游戏时也会哭泣不止；有的则是紧紧抓住第一位接待他的老师，时刻跟着她，以后也认定这位老师，一旦老师离开便号啕大哭。总的说来就是孩子情绪很激烈，脾气爆发猛烈，不如意就大哭、大闹、叫喊、扔东西。

2.孩子行为出现退化

进入幼儿园之后，孩子的行为会出现退化，原来可以使用的双音节或多音节词汇，比如"喝开水"，变成了单音节词"喝开开"；在家可以独立吃饭的孩子，进入幼儿园后反而不能独立吃饭；原来在家独自上厕所的，变得不能独自上厕所，甚至有些还出现尿床、尿裤子等现象；有的孩子可以一个人睡的，中午则需要老师陪伴身边才能入睡。这些表现说明，在孩子入园后出现的焦虑情绪使他们产生行为的退化，表现出与之前不一致或者与年龄不相称的行为。另外，还有些孩子会出现生理上的反应，到幼儿园后会生病，例如扁桃体发炎、发热、感冒等；再就是在幼儿园无法独立入睡或因害怕分离而反复做噩梦；吃饭时出现食欲缺乏、消化不良等情况。

3.不愿融入集体，不喜欢参加集体活动

有的孩子在入园前，与其他小朋友交往比较多，适应能力也比较强。但是一些幼儿由于生活环境所限，基本是跟爸爸妈妈或爷爷奶奶在一起，很少跟同龄孩子打交道，因此人际交往能力比较弱，表现怯懦，一时间不能适应幼儿园人多的环境，拒绝玩幼儿园的玩具，不愿意参与集体游戏，只喜欢一个人单独活动。

（三）入园心理小建议

入园焦虑是孩上学适应期的正常情绪反应，孩子成长的每一个过渡期，都有可能出现焦虑和不适应，比如刚进入幼儿园、从幼儿园进入小学、从小学步入初中，孩子都有不同程度的退行性反应。就像我们成年人如果去一个陌生的地方旅行，或者工作环

境的变动，我们或多或少都会有类似的适应性反应。

在环境变化的过渡期，如果处理得当会让孩子顺利度过；如果不当，可能让孩子适应时间拉长，甚至产生严重的心理压力，影响其健康发展。所以，为了帮助家长们更好地处理孩子的入园焦虑，我有几个方法供大家参考：

1.做好入园前的适应性准备

在入学前可以尝试帮助孩子做好入园适应，比如多带孩子去商场的儿童游戏专区结交更多的孩子，或者多到小区孩子扎堆的地方，引导孩子与他人建立人际关系，能够独立与人交往，防止其在陌生人际环境下无所适从；也可以提前有意识地带孩子到幼儿园外围参观，让孩子适应幼儿园的环境，同时对能进入幼儿园感到期待；在幼儿园许可的情况下，提前进入幼儿园，体验幼儿园生活，消除孩子的陌生感；还可以尽早培养孩子的独立能力，这是需要提前很长时间开始的有意识的培养，如果孩子生活能够自理、独立，那么孩子的适应性就会强。我们可以考虑从以下几个方面尝试，让孩子在入园前能基本做到自己用勺吃饭、自己睡觉，会自己穿单薄宽松的裤子，会用蹲式便池等等。另外还需要培养孩子的分享、等待的意识，不要让孩子自私自利，善于分享的孩子容易和其他孩子玩到一块儿。总之，为了缓解孩子入园的焦虑情绪，促进孩子入园适应，爸爸妈妈们应该在孩子入园前采取积极的措施帮助幼儿在认识、情感、能力、社会性等方面做好充分的入园准备。

2.建立入园小档案，采取梯度入园

在缓解孩子入园焦虑的问题上，我们可以在初始阶段为孩子建立"宝宝入园适应期在园表现小档案"和"宝宝入园适应期在家表现小档案"，每天记录孩子的入园表现，比如是否哭闹、哭闹时间、哭闹程度、入园所花时间，同时及时与幼儿园老师沟通，及时了解孩子在幼儿园的表现；另外，如果孩子一开始入园特别抗拒，我们可以采取一种梯度入园的方式，即让孩子在入园的第一个月内，每周入园的时间逐步增加，第四周开始才全天入园，这样可以让孩子逐步去适应，同时也会让他的抵触心理得到一定的缓解。

3.用熟悉的人和物实现逐步过渡

现在有很多幼儿园，为了缓解孩子的入园焦虑，允许家长在第一周有半天时间陪伴，等孩子熟悉了园区的环境和其他的小朋友，孩子就能顺利地自己进入园区；同时可以给孩子的小书包里放一些孩子在家里最喜欢的玩具或者依恋物，比如平时家里睡觉用的小毛毯、最喜欢的人偶玩具等。

4.多与孩子沟通，激发入园兴趣

在入园初期，要多与孩子沟通，询问在幼儿园的情况，多去了解孩子的想法。我们可以尝试问孩子："宝宝，今天在幼儿园最开心的事情是什么呢？""老师今天教了什么呢？""今天玩了什么游戏呢？""今天有没有认识其他小朋友呢？"了解和强化孩子在幼儿园积极的感受，多鼓励孩子参与幼儿园活动，多与其他小朋友互动，等他们找到乐趣后则会逐步消除入园焦虑。

5.多与老师交流，共同消除孩子的入园焦虑

想要消除孩子的入园焦虑，爸爸妈妈们除了可以在日常生活中多加注意外，还应该多和老师交流，学校家庭共同努力，消除孩子的入园焦虑。及时向老师反映孩子对入园的表现，分享孩子的入园小档案，循序渐进，共同探讨激发孩子的兴趣、培养信心的相关措施。

重要提醒

01

孩子的情感开始从简单走向复杂。

02

允许孩子哭泣。哭是行为，要找到哭背后的原因，有针对性地协助孩子解决真正的困难。

03

父母的陪伴和拥抱是建立孩子安全感的最佳良方。

04

及时对孩子发出的信号——哭，做出积极响应。

05

哭泣是孩子自我疗愈的过程。孩子悲伤的情绪需要通过哭泣来宣泄；愤怒的情绪可以通过涂鸦、在安全的环境下适度的攻击来化解。

06

分床能培养和强化孩子的独立意识。

07

充分做好进入幼儿园前的适应性准备工作，让孩子远离入园焦虑。

第 **4** 章

孩子的人际交往

人际交往，

是幼儿开始社会化的标志。

孩子在和同龄人的交往中，

学会感知、坚持、妥协与退让。

孩子自呱呱坠地之后，就和他周围的人发生着各种各样的联系和交往。对于孩子来讲，生活中接触最多的是父母和同伴，孩子和父母的关系叫亲子关系，和同伴的关系就叫同伴关系。亲子关系和同伴关系是幼儿的两大人际关系，对孩子的社会化有着非同寻常的意义。

在同伴关系中，孩子之间是共存的、平等的、互惠的。比如在孩子的游戏中，一个扮演司机，一个扮演乘客；一个奔跑，一个追逐。他们之间可以商量玩的内容，也可以交换角色，这些都是在平等的基础上进行。相对于亲子关系来说，同伴关系对孩子而言是一种新型的关系，是孩子和生理、心理方面处于相同地位的同伴之间的一种"平等互惠"关系。

平等互惠关系非常重要，它既是孩子社会化的内容，也是孩子社会化的重要途径和标志。孩子在与成人交往时，支配权主要在成人，孩子基本处于被动状态，其顺从性、服从性特别突出，对孩子来说，那是成人的社会；而与同伴交往，大家年龄相近，兴趣一致，支配权平等，有一种自由宽松的氛围，孩子们可以充分表现自我、发现自我、肯定自我，心理感受积极而愉悦，对幼儿来说，那才是真正属于他们自己的社会。

在幼儿社会化的过程中，同伴关系比亲子关系对孩子的影响更强烈、更持久，所以孩子的同伴交往值得父母们关注与重视。

同伴交往是孩子在发展过程中的一种心理需要，即使在婴儿期，个体也总是在积极地寻找同龄玩伴，虽然仍然需要得到成人帮助，但他们已经能自己主动提出要求或采取行动。到幼儿期，个体的独立性增强，没有成人的陪伴也能主动找同伴交往，而且与同伴交往的次数日益增多，与成人交往的次数日益减少。逐渐地，孩子与同伴的交往开始多于与成人的交往，同伴交往对幼儿的影响也越来越大。

一、不同年龄阶段的同伴交往特点

孩子的同伴交往又是怎样发生、发展的呢？在孩子的基本活动——游戏中，同伴交往有哪些影响？同伴交往的重要性有哪些呢？

（一）0—2岁孩子的交往

婴儿真正的社会行为在10个月左右开始出现。最初的同伴交往只是集中在玩具或物体上，而不是同伴身上。例如，第一个孩子拿了一个玩具给第二个孩子，第二个孩子只是用手触摸或抓过这个玩具而并不用眼睛看着对方，这个过程就结束了。

快1岁时，婴儿对其他婴儿的信号反应明显增多，一个婴儿的社交行为会引起另一个婴儿的反应，彼此注视的次数增加，他们微笑，用手指点，发声表意，有嬉戏活动，并被他们的玩伴模仿。

发展到1—2岁，孩子之间相互影响的持续时间越来越长，影响的内容和方式也越来越复杂，出现了彼此之间互补性的交往行为。比如，你跑，我追；你藏，我找；你给予，我接受，等等。其中16—18个月是同伴交往的转折点，孩子从此时开始，社会性游戏迅速增多。有时即使妈妈在场，与同伴一起玩儿的时间也比与妈妈一起玩儿的时间更长。并且随着年龄增长，孩子越来越多地与同伴游戏。

其中游戏最显著的特征就是相互模仿对方的动作。这种相互模仿不仅意味着某个孩子对同伴感兴趣、愿意模仿同伴的行为，而且他也意识到伙伴对自己的兴趣（即意识到正在被模仿），这为今后出现的包括合作性交流在内的诸多社会行为打下基础。

（二）2—6岁孩子的交往

2—3岁时，孩子的社交能力开始发展起来，出现了最早的友谊。在同学间出现的玩具共享，积极的情感交流，共同的合作游戏，在交往中也出现了同伴的互选性。3岁以后，幼儿的交往频率更高，交往时间更长，交往活动的种类更多，交往积极性也增强，合作性游戏随年龄增长而增多。

4—6岁孩子大部分能从事平行游戏和联合游戏，孩子和同伴一起玩同样的游戏或类似的游戏，但与两岁儿童相比，在相互作用和从事合作游戏（有组织、有分工的游戏）方面表现得更多一点儿。联合、合作游戏的数量在上升，而独自游戏、旁观者行为和无所事事的行为在下降。在所有年龄段的幼儿中都能看到上述社交游戏，甚至对于单独游戏这种非社会性活动，如果孩子所从事的是像画画或拼图这样的活动，则是对孩子注意力最好的训练。

二、不合群的煊煊和雯雯
——同伴交往的四种类型

在做户外游戏时，煊煊找到范范说："把你手里的飞盘给我玩一会儿。"范范说："我还没有玩够呢，不给！"于是煊煊一边抢一边说："你都玩了很久了，老师说玩具要分享，让我玩一会儿。"范范用手护着飞盘，煊煊硬是从范范的怀里抢走了飞盘，一边跑一边说："你已经玩很久了，该我玩儿了！"煊煊最终采用"硬抢"的方式达到了自己的目的。这样的情形经常出现，结果大家都不愿和煊煊玩儿了。

雯雯是个性格内向、脾气温和的小女孩，话语少，在幼儿园经常独自一人待着，不喜欢参与集体游戏，活动时长久地站在游戏圈外看别人活动，或是独自玩游戏，不会主动找别人玩游戏，也不会与其他小朋友发生矛盾，别人也很少关注到她。

同伴交往的四种类型

煊煊和雯雯的共同特点是不合群，没有同伴，但具体情形又截然不同。在心理学上，他们分属于不同的同伴交往类型。

我们可以发现，因为孩子成长环境和教养方式的不同，孩子的同伴社交类型主要有受欢迎、被排斥、被忽略、一般型四种类型。这四种同伴社交类型的基本特征如下：

受欢迎的孩子。受欢迎的孩子喜欢积极主动地与人交往，且常常表现出友好、积极的交往行为。班级里有好多孩子说，这类孩子是他们最好的朋友，或者最愿意和这些孩子玩儿，很少有孩子说不愿意和他们玩儿，或者讨厌他们。他们在同伴中享有较高的地位，具有较强的影响力。

被排斥的孩子。被排斥的孩子一般性格外向，在交往中也很活跃，体质好、力气大、过于活泼好动、容易冲动，常常采取不友好的交往方式，如强行加入其他小朋友的活动、抢夺玩具、大声叫喊、推打小朋友等，攻击性行为较多，友好性行为较少，因而常常被多数幼儿所排斥、拒绝，在同伴中地位低，关系紧张。

被忽略的孩子。与前两类孩子不同的是，这类孩子不喜欢交往，经常表现为害羞、腼腆、孤僻胆小、好静、不爱说话、退缩逃避，常常独处或独自游戏；不主动去接近同伴、老师；在公共场合不敢大声说话，不敢提出自己的意见、主张；他们很少对同伴做出友好或侵犯性行为，因此既没有多少同伴主动和他们玩儿，同伴也很少表现出对他们的不满，甚至老师也很难注意到他们，自身的存在被大多数同伴所忽视、拒绝。

一般型孩子。这类孩子在同伴交往中行为表现一般，既不算好，也不是特别不主动或不友好；同伴有的喜欢他们，有的不喜欢他们；他们既非为同伴所特别喜爱、接纳，也非被特别忽视、拒绝，因而在同伴心中的地位一般。

上述四种同伴交往类型，在幼儿群体中的分布是各不相同的。其中，受欢迎的幼儿约占13%，被排斥的幼儿约占14%，被忽略的幼儿约占20%，一般幼儿约占53%。被排斥的幼儿和被忽略的幼儿加起来约占34%，也就是说，3个孩子里就有1个孩子会出现不合群的社交情况，所以如果自己孩子出现不合群情况，请家长们不要过于担忧，这种情况比较普遍，也是有解决措施的。我在临床工作中也发现，孩子的同伴交往问题已经成为父母们像重视孩子的智力发展和学习成绩一样重视的问题了。

现在来分析开头提到的两个例子里的孩子：煊煊很有活力，常常能主动和小朋友玩儿；但往往破坏了别人的活动，如将其他孩子的玩具推倒或拿走，结果不受欢迎，没有小朋友愿意和他玩儿；他迫不得已才一个人玩儿，成为不合群的孤独者。他在同伴交往中属于被排斥的幼儿。而雯雯沉默寡言、孤僻，害怕陌生人，很少与其他小朋友交往，更多的是一个人待在角落里，属于被忽略的幼儿。

同伴交往在幼儿社会化及身心全面健康发展过程中起着极其重要的作用。同伴交往为孩子提供了解决冲突、进行谈判和协商的机会。孩子要向同伴发出交往信号，如微笑、请求、邀请等，学习如何与他人建立良好关系、保持友谊和解决冲突，如何坚持个人的主张或放弃自己的意见，怎样处理敌意和专横，怎样对待竞争与合作，怎样处理个人和团队的关系。

良好的同伴关系有利于孩子形成自尊、自信、活泼开朗的性格，促进他们良好品行的形成和情绪情感、社会适应能力、心理健康以及智力的发展。而同伴交往困难，不仅会影响孩子的心理发展，还与其以后各阶段出现的行为问题、社会问题（如青少年犯罪、厌学、逃学、攻击性行为）、精神疾病等有密切的联系。

三、霸道的丁丁——面对孩子的不合群

丁丁很霸道，玩游戏老是让别人听他的，小朋友们都不愿意和他玩儿。妈妈告诉丁丁要听取大家的意见，友善对待小朋友，但似乎没有起到什么作用。一次，妈妈带丁丁去公园，看到一群

孩子在玩扔球的游戏，一个小男孩每次扔球时会用很大的力气，故意不让其他人接到，最后小朋友们都很不高兴地走了，没有人和他玩儿了。妈妈就趁机告诉丁丁，太霸道的孩子大家都不喜欢。丁丁眨巴着眼睛，若有所思的样子。果然，第二天邻居家的小朋友过来玩儿，丁丁不再强行分配玩具，而是让大家一起来选择，两个人都玩得很开心，晚上妈妈及时表扬了丁丁。

（一）如何面对不合群的孩子

丁丁的惯常霸道，一开始妈妈也没有办法，但是用现实中的例子作为引导时则会起到很好的效果。丁丁妈妈如果直接告诉孩子怎么做，效果反而不一定理想，但让孩子亲眼看见霸道的孩子怎么惹大家讨厌，孩子才会真心改正自己的错误。这种情况具有普遍性，有些孩子认识到自己的行为后果后会自觉改掉坏习惯。所以，当父母发现了问题，可以对孩子实话实说，但是每次只能说一个需要改正的地方，否则孩子会丧失改正的信心。对于被排斥的孩子，主要是引导他们明白被排斥的原因，尽力控制自己的言行，学会倾听别人的想法，平静地陈述自己的意愿，与别人达成共识，等等。

针对被排斥的孩子和被忽略的孩子，应该采取不同的解决方式。对被排斥的孩子，明白原因最重要。孩子被排斥的常见原因包括：

缺乏交友的技巧；太固执，不允许别人拒绝自己；霸道，只想让别人听自己的；总批评别人，惹大家讨厌；容易冲动，总惹事、老捣乱；老是大发脾气、动手；傲慢或者表现得自己比别人强。总被大家排斥的孩子自己却往往不明白为什么别人不和自己玩儿。父母可以用真实的例子帮助孩子认识到自己的缺点，可以参考上文中丁丁妈妈的做法。

而对被忽略的孩子，建立交往自信心最重要。孩子被忽略的常见原因包括：胆小，害羞，不敢表现自己，不爱说话，不知道交际用语；不主动参与交往，没什么兴趣爱好，缺乏热情。被忽略的孩子一般是因为自信心不足而惧怕与同伴的交往。父母首先要反思，在生活中我们给予孩子的回应是不是能提升孩子的自信，一般不自信的孩子外界负面反馈较多，所以父母首先要改变。其次要运用教育技巧，点燃幼儿自信的火种，为其走向群体生活铺平道路。

专制型、溺爱型的教养方式必须改变。被忽略的孩子还要反思教育是不是专制型或溺爱型，专制型的父母有可能对孩子的行为干预过多，要求孩子随时都要遵守父母的规定。溺爱型的父母对孩子的一切包办代替，过分保护，把孩子关在家里，把电视机和手机当保姆，让孩子与玩具、手机为伴，不让孩子出去和其他小朋友接触玩耍，担心与别的孩子一起会产生矛盾，甚至会染上坏习惯，天长日久，孩子就成了"笼中之鸟"。这些都导致了幼儿胆小、怕事，自理及交往能力过弱，这样一来，孩子会在与其他幼儿的交往中处于被忽略的地位。

（二）解决方案

要想改变这种情况，我首先要为爸爸妈妈灌输一个基本理念：我们要把孩子作为独立的个体去尊重。孩子只是借由你们的身体来到这个世界，但他首先是他自己，我们要敢于允许他做出自己的选择和尝试，这是对另一个生命最大的尊重。当我们有了这样一个基本理念，你才会切实转变对孩子的教养方式，不会对孩子的行为干预过多，而会更多地观察、引导并听取孩子的意见。在培养孩子的过程中，既坚持原则又尊重孩子的独立性，鼓励孩子"自己的事情自己做"，真心诚意地爱护孩子，关心孩子的成长和进步。

给孩子创造与同伴交往的机会。父母可以"走出去"，多带孩子到外面有孩子的地方玩耍；也可以"请进来"，帮孩子约亲戚、朋友、邻居的孩子到家里来玩儿。孩子与他人交往的机会多了，会逐渐适应甚至喜欢上群体生活。

用兴趣引导交往。在孩子的交往中，我们应利用被忽略的孩子对某些事物的兴趣，激起他们的探索欲望，从而帮助其树立信心。例如，一位被忽略的孩子的妈妈发现自家孩子对各种玩具汽车非常感兴趣。于是，妈妈就与他一起搜集了各种玩具汽车，并一起讨论汽车的功能用途，然后邀请邻居家的小朋友来参观。果然，这个孩子就被这样的活动吸引了，他不再是个局外人，在带领其他小朋友参观的时候，十分兴奋和活跃，积极地为其他人讲解汽车玩具。尤其当其他小朋友为此赞叹时，他脸上写满了兴奋与自信。慢慢地，他变得爱讲话了，在幼儿园里也喜欢上了班级的群体生活。再如，在音乐活动中发现被忽略的孩子有这方面的天赋，可鼓励他积极参加各种活动，让他体验成功和与众不同感。有成功体验后，孩子对自己就会有一个更深的认识，更有自信。

建立信心，克服自卑感。被忽略的孩子一般胆小、羞怯，害怕做错事情。对于孩子的点滴进步，爸爸妈妈都要及时给予肯定，使他们感到自己是被关心的，使他们相信：大家喜欢我。对于他们的过失、短处，父母也不要直接批评指责，而是改用期望、信任和勉励，运用正面激励的方式，如"再试试""你会一次比一次好"等激励性语言帮助孩子树立信心。

接受邀请和邀请别人。被忽略的孩子往往不大喜欢接受其他小朋友的邀请。如果父母发现孩子偶尔接受其他小朋友的邀请，即便是很勉强，也要及时给予鼓励。如果父母发现孩子由接受邀请变为主动要求参加其他小朋友的活动，甚至邀请别的小朋友和自己玩儿，一定要给予肯定、赞扬甚至奖励。这是被忽略的孩子向合群转化所迈出的一大步。

四、孤独的小宝——帮助孩子交朋友

小宝有段时间很不开心，刚上幼儿园的时候不合群，总是独来独往。妈妈问他有没有好朋友，他一个也说不上来；问他在幼儿园做了什么游戏，他支支吾吾地要想半天。妈妈很担心小宝在幼儿园交不到朋友，也担心小宝不参与集体活动，没朋友的小孩肯定不喜欢幼儿园。果然，没两个月，小宝就闹着不肯去幼儿园了。

后来妈妈每天去幼儿园接小宝时，看到有的孩子会在幼儿园旁边的广场玩一会儿再离开，妈妈开始带着小宝主动和班上小朋友的家长搭话，也主动给小宝和其他小朋友买好吃的，缩短小宝与同学的心理距离。

一个星期之后，妈妈通过观察，选择了一个性格外向大方的小朋友，并同那位小朋友的家长商量好，每天让他和儿子放学同路。小孩很喜欢小孩，很快，小宝就叽叽喳喳地和他的小伙伴玩在了一起。再过一段时间，两个孩子就成了好朋友。慢慢地，在那位小朋友的带动下，小宝的小伙伴从一个发展为两个、三个……最后，小宝已经完全能够融入集体，每天都说想去幼儿园，妈妈也特别开心。

（一）同伴交往的问题

小宝一开始在幼儿园里没有什么朋友，也不怎么参加集体活动，在幼儿园中的存在感很低，主要是小宝没有加入同伴交往；当小宝一旦加入了同伴交往而变得喜欢上了幼儿园，性格也活泼开朗起来。我们先让孩子和某一个朋友发展出友好密切的同伴关系，而不是一开始就和一大群人打交道，这样孩子的交往压力就没有那么大。让一个总是被排斥或被忽略的孩子加入一群孩子中，会引起很大的焦虑。父母可以帮助孩子先发展一个玩伴，锻炼他的交往能力，慢慢地，孩子就会交到更多的朋友，自然能融入集体生活了。

在现实生活中让孩子与同伴建立良好的关系，不一定非得是在上学路途中，很多时候教孩子正确加入同伴游戏是非常好的一种方式。只有很好地融入幼儿园游戏中，培养起孩子的交往能力，才能让他乐意去幼儿园，并成为一个受欢迎的孩子。

（二）同伴交往的心理小建议

1. 掌握合适的方式方法

融入同伴游戏需要掌握方式方法，有的孩子强行加入别人的游戏，哼哼唧唧地反复哀求，同伴反而会不搭理他；坐在角落或站在一边默默等待别人邀请自己，也不会有好的效果。父母可以把下面的方法教给孩子，让孩子学会提出请求，被小朋友接受。

第一步：先近距离观察。要站得足够近，让小朋友看到自己；但是也不能太近，否则会影响到别人。一边看小朋友玩的情景，一边琢磨：他们是不是愿意有别人加入他们呢？他们是刚开始呢，还是就要结束了？自己知道游戏规则吗？自己能玩好这个游戏吗？

第二步：走近对方，然后看着其中一个孩子。要抬头挺胸，显得很自信。观察对方：这个孩子看起来是友善的吗？他也看向你了吗？他微笑了没？如果其中一个答案是否定的，就不要勉强，最好去找别的小朋友。

第三步：主动打招呼。可以对小朋友说："大家好。""你好。"或者说些赞美的话："这个游戏真有意思。""你们玩得真好！"

第四步：友好地提出加入请求。看着一个小朋友的眼睛，然后微笑。如果这个小朋友对你有兴趣，比如也看着你微笑，你就主动提出："我能玩儿吗？""还需要人一起玩儿吗？""我能和你们一块玩儿吗？"如果对方接受，就可以参加游戏了。

第五步：如果不行就暂时放弃。不要央求甚至哭，更不要强行加入，在旁边捣乱。别人不愿意就算了，再找其他人去玩儿。

2.培养孩子沟通、合作、自我控制等交际技巧

不合群的孩子的一个普遍问题是在游戏过程中缺乏交际技巧。他们不懂得沟通、交流、合作，不懂得正确玩游戏，在遭到对抗、冷落后，容易破坏游戏或发生冲突。他们往往在强烈的交往冲动和对挫折的畏惧之间焦虑。除了要创造机会让孩子交往之

外，还要教给他们交往技能，培养孩子沟通、合作、自我控制等交际技巧。

（三）沟通技巧

A.说话时让孩子看着其中一个小朋友的眼睛。

别人说话时要认真听，不要着急自己说，要先听清楚对方在说什么。

B.当别人遇到困难时，主动帮助别人："我能帮助你吗？""我来试试看。"

C.提出请求，向别人求助，态度要诚恳："请问你能帮帮我吗？""我可以看一下吗？"

D.开始时，介绍自己或征询意见："你好！""我叫××。""请问我能和你们一起玩儿吗？""东东，我能和你一起搭积木吗？""咱们开始吧。"

E.结束对话："下次我们再一起玩儿吧。""明天欢迎你再到我家来。"

（四）合作技巧

A.轮流玩耍，学会分享玩具，遇到自己喜欢的玩具不能一直霸占。

B.遇到喜欢的游戏或者玩具，问问自己能不能玩儿，能不能加入或者排在队伍的后面。

C.关注其他小朋友的言语、动作、进度。遇到意见不一致时，要进行协商："这样可以吗？""好吗？""行不行？"

D.学会原谅："没关系。""没事了。"

E.学会道歉："对不起。""是我不小心。""我不是故意的，请原谅我好吗？"

F.学会安慰别人，鼓励情绪低落的小朋友："别着急。""没关系。""别害怕。""咱们再试一试。"支持对方，为对方加油。

G.当其他小朋友做得出色时，多赞美对方。"你真厉害！""恭喜获胜者。"

（五）自我控制技巧

A.遇到不开心的事情不要随便发脾气，尽量用平缓的语气说出来，不要动不动就哭鼻子、摔东西。

B.尽可能用语言而不是动作表达不满，遇到不满时态度平缓地向其他小朋友表达："我很生气。""我不喜欢你这样。"

C.保持语气平静低沉。

D.如果被拒绝，不要大发脾气，先想想被拒绝的原因，也不要自己一个人闷着不高兴。

E.被取笑时也不急不恼，如果是自己做得不好，主动承认，如果是失误，可以请求再试试。

F.如果不想玩了，可以安静地走开，不要影响其他小朋友。

五、吝啬的班班——帮助孩子形成分享意识

班班今年4岁了，上中班。老师跟妈妈说，班班对小伙伴显得有点吝啬，比如老师让大家拿玩具玩，班班会先把好玩的玩具全部据为己有，遇上和别的孩子一起选玩具，他总是先去抢个大的；老师让孩子们分享自己带的玩具时，他也不肯把自己的拿出

来；遇上自己喜欢的图画书他会主动找别的小朋友借，但是别人想看他的书时，他不会给。妈妈在小区里也发现了类似的情况，好多小朋友和班班玩一会儿就不想和他玩了。班班的爸爸妈妈平时工作很忙，多数时间都是由爷爷奶奶照顾班班，老人对孩子的要求不多，对班班在与人交往中表现出的吝啬状态，最多也只是嗔怪几句，并没有特别要求孩子如何去做。

（一）自我意识与自私的形成

班班所表现出来的行为叫自私，自私应该说是幼儿常见的一种行为，它是孩子自我保护本能的一种体现，也是孩子在一定阶段占有欲的显现。虽然我们希望孩子能够分享，但对幼儿来说，我们不应完全从道德的角度来评价他们的这种自私行为。因为在孩子看来，食物、玩具是他们最需要的，因此会有"食物不肯给别人吃""玩具或学习用品不愿借给别人用"等表现。

这里需要说明的是，自私和自我中心有关，但两者是有区别的。自我中心是孩子认知发展水平导致的，因为幼儿还没有能力完全区分自己的需求、他人的需求，无法理解别人的观点和自己的观点的区别，常常把他人理解为自己的一部分，表现出一切以"自我"为主导与核心。自我中心本来是孩子发展所必然经历的阶段，而且每一个孩子必须要有自我中心的阶段，形成早期的健康自恋。但是如果这种自我中心在不良环境中不恰当地发展，就会表现为自私。孩子的自私行为如果不能随着年龄的增长而改变，孩子的占有欲会很强，甚至不仅极力保护自己的物品，还会经常抢夺、拿走不属于自己的物品，并且在集体活动中表现得个人主义严重，缺乏同情心和集体意识；同时不爱奉献，做事斤斤计较，爱跟父母、老师或同伴讲条件。最后，孩子的这种自私的特点就导致他们不太合群，人际交往产生障碍。

（二）导致孩子形成自私自利的原因

1.家庭中总以孩子为中心

孩子受年龄所限，很难从别人的角度思考问题，而爸爸妈妈和孩子相处的时候，加上外公外婆爷爷奶奶的疼爱，一家人很容易形成围着孩子转的模式，孩子要什么就给什么，孩子喜欢什么就买什么，可谓孩子一呼家里成员百应。这种情况下孩子就难以考虑别人的感受，总是想方设法满足自己个人的需要。比如一位妈妈说和孩子下棋，孩子总想赢，孩子一旦输了，就很不高兴，甚至耍脾气。于是，妈妈为了满足孩子，只能让孩子赢。久而久之，孩子被自我中心习惯了，就变得自私自利了。孩子习惯自我中心之后，他的分享观念就难以形成。再比如，我们问一些在家中备受宠爱，需求总是被满足的孩子："妈妈给你买了一本新书，小朋友没有，你能借给他们看看吗？"对于这个问题回答说"不"的孩子的理由是一致的，那就是"这是我的"，"这是我的妈妈给我买的"，或者"你让他的妈妈给他买一本嘛"。普遍而言，这种家庭环境下的孩子缺乏分享概念。

2.周围环境对孩子的不良影响

在现实生活中，孩子存在的自私问题有可能与家庭成员的为人处世、性格特点有关。比如吝啬孩子的家庭环境中，可能爸爸妈妈或者是其他亲密的家庭成员会存在自私自利、贪图小便宜，或与人斤斤计较的习惯；甚至有的老人叮嘱孩子好吃的不许给别人吃，好的玩具不许给别人玩等，如幼儿告诉我们"给别人看《黑猫警长》，爷爷要骂我的"，"爸爸说了，奥特曼让小朋友玩坏了，他就不给我买玩具了"，"外婆说不要傻傻地用自己的好玩具交换别人的差玩具"，等等，这些情况都会影响孩子的分享之心。

另外，还有一些思想陈旧的爷爷奶奶会对孩子的自私行为不以为然，反而以为是好事，认为孩子"从小护东西，长大不吃亏"等等。家长不太喜欢孩子的分享，久而久之孩子的分享心理就被抹杀了。

3.孩子的心智不成熟

幼儿的分享行为一般是有条件的，就是建立在双方各取所需、同等交换的基础之上，幼儿时期孩子还不具备成人世界的奉献、贡献心理。孩子与他人分享玩具往往都是从自己的利益出发。比如，小朋友会觉得：我给他吃东西，是因为我不这样的话，他就不和我玩；或者我给他吃，是因为这个不好吃，我想吃他带的东西；再比如，孩子跟同伴分享玩具后老师会表扬自己；孩子把自己喜欢的玩具借给同伴，老师会给予奖励。孩子们之所以做出这样的分享行为，完全是希望自己的付出能得到回报，这种行为具有明显的"功利性"。这种分享已成为孩子获取"利益的工具"，因为分享的动机完全背离了分享本身所蕴含的意义，即分享能让自己与同伴感到快乐。他们的分享完全是与他们身边的事情相关，他们的心智还不具备真正意义上"分享能够让大家快乐"的心理。

（三）改变"自私"孩子的心理小建议

培养孩子大方好客、与人友好相处的品格是家庭教育的重要内容，在二孩、三孩政策放开之前，独生子女比较多，爸爸妈妈及其他长辈对孩子往往呵护有加，导致孩子自我中心意识比较强，特别是幼儿期与人分享能力差，如果这种习惯延续到孩子的青少年时期，将会对孩子的人际交往与性格完善产生非常不利的影响。面对孩子自私行为，我们可以尝试从以下几个方面改变：

1.合理看待孩子的自私现象

针对孩子的自私行为，我们不能和成人的自私行为相提并论，需要考虑孩子的年龄，特别是认知发展状况。因此，我们对幼儿的自私行为不能笼统地拿到道德高度上进行裁判。我们需要理解，这是与年龄阶段出现的自我中心密切联系的，不完全是孩子道德层面出了问题；而且多数孩子随着年龄的增长，所谓的自私问题也会随之发生改变。

2.慢慢培养孩子的分享意识

孩子的社会行为受到他们头脑中主观行为规则的影响，比如在进行玩具分享中，我们问主动分享的孩子为何主动分享，他们会说"妈妈说小朋友之间要分享"，"老师说小朋友要互相帮助"等观念。这说明孩子的自身观念对孩子的行为影响是非常大的。如果孩子分享观念还没有定型，孩子的分享行为就不会很主动。他们会通过一些看似合理的理由来阻断自己的分享行为，比如他会说，"这是老师给我的"，其实就是这个东西属于我，我不能给其他人。

幼儿意识的培养也是一门学问，需要爸爸妈妈仔细研究方式方法。比如可以采用角色扮演的策略来培养幼儿的分享观念与合作精神。通过角色扮演帮助孩子提高与他人共情的能力，让孩子学会站在他人的立场看待问题，从而促进其分享能力的发展。比如针对那个喜欢跟妈妈下棋总是想自己赢的孩子，我们可以先输一局给他，当下另一局的时候，妈妈又输了，妈妈可以故作难受的心情说："你让妈妈输了，妈妈心里很难受。"这样可以引导孩子站在妈妈的角度，孩子会说也让妈妈赢一次。这种方法就不是一味以孩子为中心，让孩子感受到妈妈输了心情也不好，让孩子学会考虑别人的感受，逐渐培养起孩子的分享意识。此外，我们要理解这个时期孩子"独占性"较强的行为特点。在教育方式上，可以先采取建议的方式，然后在孩子做出分享行为后，我们要及时给予赞赏和鼓励，让孩子感到自豪，体验这种情感，从而逐渐内化为分享的意识。

3.为孩子树立分享的榜样

模仿是幼儿学习分享行为的一条重要途径，因为榜样具有激励和导向的作用。孩子具有很强的观察、模仿能力，当看到他人的分享行为时，他们也会去模仿。儿童早期的一些态度大多来自对父母的模仿，随后形成的态度来自对社会上各种人物，如教师、同辈好友、偶像、英雄人物、明星等的模仿。儿童不只模仿榜样的外部特征，同样也会汲取榜样的内涵。如果爸爸妈妈对物质财富持自私态度，其孩子有可能会内化这种态度，并会拒绝与伙伴共享玩具。所以，爸爸妈妈的教育方式与言行、幼儿园老师的态度是影响幼儿分享行为的重要外部因素。爸爸妈妈要给孩子树立分享的榜样，要注意选择符合孩子年龄的心理特点和生活中实际的、对他们成长具有教育意义的榜样，尤其要关注幼儿读物、动画片中的榜样，引导孩子观察、学习这些榜样。榜样示范由被动到主动、由模仿到创造的过程，需要爸爸妈妈们的积极引导。

4.强化分享行为，训练分享技能

孩子的分享行为是需要老师或家长进行强化的，当孩子由于分享而受到老师、家长的表扬和鼓励之后，他们会逐渐发展起一种相应的内在的自我奖励倾向，如"给他玩我的小熊，老师会夸我是个乖孩子"。所以，我们要注意对孩子表现出的分享行为进行强化。特别是在家中，孩子表现出一定分享行为的时候，爸爸妈妈千万不要推辞，要接受孩子的分享，并且表示感谢。比如，当妈妈买了一篮水果放到孩子面前时，如果孩子先挑了个大的水果给自己时，妈妈千万不要推却，应该很乐意地接受并同时表扬孩子的分享行为。相反，如果孩子看到水果不顾家长，拿起来只管自己一个人吃时，爸爸妈妈不能一笑了之，而应该告诉孩子要学会与他人分享。

另一方面，我们还要注意训练孩子的分享技能，让孩子知道怎样与人分享，对于提高孩子的实际分享行为是有很大帮助的。有的时候孩子可能具有分享的意愿，但是由于不知道怎样做，也就没有表现出实际的分享行为。比如，孩子带了一辆新的玩具遥控车到小区游乐场，妈妈问："可以把你的新车给其他小朋友玩吗？"他回答："不可以。"再问为什么时，他说："很多小朋友都想玩，我不知道该给谁玩。"这种情况下孩子还是想分享的，只是不知道该如何进行分享。我们可以告诉孩子，面对这种情况，可以把玩具车让小朋友们轮流玩，或者围着游乐场，一个小朋友开一段等等。所以，我们在培养孩子的分享行为时，要注意让孩子了解和掌握一些分享的技能。如果孩子知道了分享的具体方法，那么，他们的实际分享行为应该会得到提高。

六、"妹妹又不是我推倒的，我为什么要扶她"
——培养孩子的移情能力

两位妈妈是好朋友，她们的孩子4岁的欣欣和5岁的美雅在一旁玩儿。过了一会儿，两人听见欣欣在哇哇大哭。原来是欣欣不小心摔倒了，美雅却在一旁继续玩自己的玩具，没对欣欣进行任何帮助。美雅的妈妈很生气，对美雅说："妹妹摔倒了，你怎么都不拉她起来？"美雅理直气壮地回答："又不是我把她推倒的，她是自己摔倒的。"妈妈很生气："不是你推倒的你就不帮助妹妹呀，你怎么这么自私！"美雅坐在地上哇哇大哭起来。

幼儿园午休起床，5岁的维维怎么都无法把扣子穿到扣眼儿里，旁边的小可看见了，主动走上前帮他扣好了扣子。小可伸出双手帮助了处于困境中的伙伴，向别人表达了关心和友善。

（一）移情能力的发展

上面两个场景里的孩子在对他人情感的理解和共鸣上表现出不同的水平，也就是心理学说的移情能力。移情是一个人在看到另一个人处于一种情绪时，自己的情绪也会被他人感染，从而表现出与对方相同的情绪感受，这可以理解为一种换位思考，或者说是情绪共鸣。移情使得人们能够站在别人的立场上思考问题，设身处地为他人着想，即具有同情心。移情不仅可以抑制幼儿的攻击行为，还可以增加幼儿在社会交往中的谦让、助人、合作和分享等亲社会行为，它是幼儿产生亲社会行为最主要的前提条件。

因此，移情是助人行为的重要动机源泉，我们可以用"移情→同情→助人行为"这个公式来表示移情对助人行为的影响。同情是人类一种美好的感情，也是人际交往中应该具备的条件之一，人与人之间如果相互同情、相互关心，那么集体生活中、家庭生活中就充满着温馨和关爱，如此就会拥有良好的家庭和社会关系。对于孩子来说，由于其认识的局限，特别容易以自我为中心考虑问题，因此，我们需要帮助孩子从他人的角度去考虑问题，培养他们的移情能力。

移情是普遍存在的，孩子同样有这种能力。随着婴幼儿年龄的增长，认知能力的不断提高，情绪体验的丰富，移情水平也在不断发展。为了便于家长们了解孩子移情能力的发展，我将婴幼儿移情发展分为以下四个阶段进行介绍。

（二）移情发展的四个阶段

1. 0—1岁，普遍移情

此时，婴儿自我意识尚未形成，还不能清楚地区分自我和他人。他们常常不清楚到底是自己还是对方在经历着痛苦与悲伤，绝大多数情况是从自身的感受和体验出发。例如，我们会发现当自家孩子听见另一个婴儿哭泣时，他自己也会跟着哭起来。同时，他们仅仅对他人较强烈的情绪有反应。所以，这一时期由他人表情所引发的婴儿移情反应是普遍性移情。

2. 1—2岁以自我为中心的移情

此时，孩子初步的自我意识开始萌芽，他们能意识到自己和他人的不同，逐渐学会区分别人与自己的痛苦，但仍不能清楚地区别自己和他人的内部状态，经常将二者混淆。例如，我们有这样的经历，当自己悲伤难过时，孩子会把正在玩的玩具递给自己，或者把正在吃的饼干给自己。在孩子哭泣的时候，我们用来安抚他们的物品，这个时候会被他们让给我们。在这个阶段，幼儿的助人行为是以自我为中心的。

3. 3岁开始，对他人情感的移情

幼儿开始走出以自我为中心，随着观点采择能力的发展，不断提高区别自己与他人观点和情感的能力，能从"表情"来辨别和理解各种情绪，助人行为比之前更恰如其分地反映了他人的需要和情感。比如，通过经验积累和良好的教育，孩子能理解爸爸妈妈很辛苦，并做出给大人倒水、给大人捶背、帮大人做事等行为。

4. 童年晚期开始，对他人生活状况的移情

进入童年晚期，孩子认识到自己和他人各有自己的经历和个性，不仅能从当前情境，而且能从更广阔的生活经历来看待他人所感受的愉悦和痛苦。随着各种社会观的形成和发展，孩子还会

对某个群体或阶层，如贫困者、流浪者、发育迟滞者等，表现出移情。这样的移情水平对儿童而言，能提供一种促进道德和思想理念发展并形成行为倾向的动力基础。在这一阶段，儿童能够注意到他人的生活经验和背景，对他人的情感反应超出了直接情景的局限。举个简单的例子，这个时候的儿童能够意识到，一个富人丢了50元钱和一个穷人丢了50元钱的反应是不一样的，他们会对穷人产生极大的同情心。

移情与亲社会行为之间存在着密切的关系，移情是孩子与人交往顺利发展的基础，也是孩子们助人行为的重要动机，一个移情能力强的孩子将来更有可能做出亲社会行为，更多地感受到世界和生活的美好。

（三）学会移情的心理小建议

移情能力虽然是孩子潜在的能力之一，但是多依靠后天养成。幼儿期是培养孩子移情能力的最佳时期。对孩子进行移情培养，可以让孩子观察、分析、判断他人的外在行为、表情等，以感知对方的情感；可以让孩子追忆已有的生活经历，对他人的处境感同身受；可以让孩子亲身体验，来感知他人的心情，产生移情等。

1.移情训练之情绪识别

能正确地识别他人的情绪是孩子移情能力形成的基础。爸爸妈妈可以在日常生活中引导孩子关注他人的情绪反应。2岁的孩子对自己和他人所处的情绪状态不能明确地辨识，他们只能笼统地把自己的情绪分为"高兴"或"不高兴"两种。随着孩子年龄的增长，我们可以采用以下方法逐渐使孩子认识高兴、生气、喜欢、讨厌、伤心、害怕、好奇、内疚等情绪。

2.移情训练之表情识别

给父母们推荐电影《头脑特工队》，电影塑造了五个主人公的形象：乐乐、忧忧、怒怒、厌厌、怕怕，非常直观的人物形象会激发孩子们了解情绪的兴趣。这部影片的片段也是我在家长课堂或者小朋友的情绪课堂里经常使用的。小朋友并不能理解影片里描述头脑工作的原理，所以给孩子们播放开头就可以了，但是父母的理解不存在任何困难。这部影片不仅可以帮助孩子更好地识别情绪，还可以帮助父母更好地了解我们如何或怎样给孩子的大脑留下情绪记忆，以及留下何种情绪记忆更利于孩子成长。我们为孩子留下积极乐观的情绪记忆越多，或者开心快乐的强烈体验越多，这些情绪就会逐渐成为孩子的核心记忆。与此相反，如果消极情绪体验多，消极情绪就会成为孩子人生中的核心记忆。

孩子看这部影片的时候则不需要这么复杂，我们只需要告诉孩子，每个人的大脑里都住着五个朋友，他们分别是：乐乐、忧忧、厌厌、怕怕和怒怒，我们甚至可以把影片中的这五个小人打印出来贴在墙上。孩子开心的时候我们可以说"乐乐来了"，当孩子害怕的时候我们可以说"怕怕来找宝宝了"，久而久之，孩子就能准确地识别自己和他人的情绪，并明确知道自己最喜欢的朋友是乐乐。家长还可以做出各种表情，如开心、生气、兴奋等，动作不妨夸张一点儿，一边给孩子做讲解："看妈妈的表情，这是谁来啦，对啦，是乐乐来了，因为和你在一起妈妈特别很开心。"你丰富的表情有助于孩子的情绪发展，这样孩子才能看懂别人的表情，才能走出理解他人的第一步。接下来还可以让孩子来做各种表情，你来发出指令："忧忧来了"，"怕怕来了"，孩子就会做出相应的表情。

还可以请来爸爸，做"我做表情你来猜"的游戏。爸爸站在妈妈身后，爸爸举起一个小人，对面的孩子做出相应的动作，然后让妈妈来猜这是什么情绪。游戏角色可以交替进行。

另外可以引导、观察图画书、动画片中一些明显的人物表情。例如，陪孩子看绘本的时候，可以指着书中的人物对孩子说："这个小朋友在外面玩耍，你看他笑得多开心。""这个宝宝有点儿不高兴，小嘴嘟着。他是不是饿了？你饿了的时候也是这样的表情哦！"试着让孩子了解和他人在某种相同情境下的感受，以及不同的表情透露出的内心感受。

还可以带孩子到穿衣镜前，让孩子观察自己的表情。孩子会对镜子中的人非常好奇，并试图做出各种表情，然后好奇地看镜子里的人有什么反应，好奇心有助于孩子用更大的积极性去探索表情的奥秘。

另外，孩子的很多行为都是模仿大人的，他们对此也总乐此不疲。家长可以和孩子面对面，或者在两个人面前放一面镜子，然后做出各种表情，并引导孩子和自己一起做，一边做一边和孩子说话，让游戏充满乐趣。

3.移情训练之情绪描述

孩子认识一些基本情绪后，父母可以要求孩子把这些情绪用正确的语言表达出来。比如，孩子看到一样新奇有趣的玩具，家长问孩子："你看到这个玩具，心里怎么想？"孩子可能会准确地说出："我很喜欢它。"而不是简单地回答："我很高兴。"又如，当孩子做错事后，父母问他："你现在心里感觉怎么样？"他们如果能说出"觉得难为情"，就比单纯地说"觉得不舒服"更有情绪识别能力。

4.移情训练之推测情绪

我们可以通过讲故事的形式，让孩子结合故事的情景，判断人物的内心感受，了解故事主人公的情感体验，逐渐理解不同情境下人们会有不同感受。例如，可以这样引导孩子："有一天，小花鹿在森林里玩儿，突然一只大老虎出现在小花鹿的面前。小花鹿现在心里会是什么感受呢？"同时也可以根据生活中的不同事件，引导孩子描绘自己在该事件发生时的感受，希望得到他人怎样的关注、理解，从分析自己来判断别人此时内心的情感体验，在这样不知不觉的引导中提升孩子的情商。

比如，被小伙伴拒绝，从分析自己来判断别人此时内心的情绪，然后尝试着推及他人，"被拒绝不让玩玩具，自己心情如何？此时最希望别人为你做什么呢？其他小朋友遇到这种情况会有什么样的感受呢？"从而实现对他人的移情。

5.移情训练之追忆情绪

追忆情绪就是让孩子的情绪体验与特定情景之间产生联系，引导孩子产生移情能力。比如，"今天听到王阿姨说，贝贝感冒发烧了，特别难受。我记得你前几天也感冒发热、流鼻涕，感觉非常不舒服，对吧？"通过引导孩子情绪追忆，使他们能够想象出别人当时的感受。

6.移情训练之角色扮演

角色扮演是一种使人们暂时置身于他人的位置，并按这个位置所要求的方式和态度行事的心理学技术。它使孩子能够亲自感受和实践他人的角色，从而更好、更正确地理解他人的处境，体验他人在各种不同情况下的内心情感。

幼儿的思维方式主要是以直观的动作为主，再加上他们在情绪、情感上具有易感染性，让他们置身于某一情境之中，他们才可以转换到他人的位置去体验相应的情绪、情感状态，产生移情，设身处地为他人着想。所以，寓教于乐的角色扮演移情训练非常适合这个年龄阶段的幼儿。

在一些城市，有"黑暗中的对话"类似的机构，父母不妨带孩子去体验一次。所有人将置身于完全黑暗的情景，仅能跟随导游的声音引导摸索前行，要想顺利到达目的地，不仅需要小心翼翼，还需要成员之间的相互协作。在这里，孩子可以体验到有眼疾的残障人士的不易，也可以感受到成员间的彼此协作、互相扶持的温暖。

不具备条件的城市，爸爸妈妈在家同样可以和孩子以游戏的形式来完成。比如可以让孩子蒙上眼睛，当一回"残疾人"，让他做一些日常生活中很容易就做到的事，体验残疾人听不到声音、看不到东西的感受，从而产生移情，进而对弱势人群给予关注，并愿意施与力所能及的帮助。实际操作中，爸爸妈妈可以先给孩子蒙上眼睛，让他听口令行动，比如拿杯子、坐到自己的座位上、取玩具等。孩子肯定做不好，很可能跌跌撞撞，这时候爸爸妈妈可以及时上前帮助，让他们体验有人帮助的不同。之后交换角色，父母当盲人，孩子来帮忙，最后趁热打铁，讨论平时残疾人最容易碰到什么困难，他们最需要别人的哪些帮忙，我们可以为他们做些什么，等等。进而还可以延伸到："你还见过什么人有这样的困难？你该怎么做？""如果你是一位老爷爷，在生活中有很多不方便，你的心情会怎么样？你需要哪些帮助？"另外，如果孩子平时不守纪律、好动、缺乏耐心，在角色扮演中可以让孩子扮演警察，孩子一旦当了警察，就必须坚守岗位，要扶老人过马路，送迷路的小朋友回家，平时可以多做这样的游戏，孩子会慢慢做到遵守规范、乐于助人、减少打斗。

爸爸妈妈还可以和孩子玩"过家家"游戏，让孩子来扮演不同角色，体会不同角色的心理，从而提高孩子的移情能力。当孩子扮成医生给你或者洋娃娃打针时，他可能一手拿着一支笔，假装是注射针筒，一手抚摸着你，同时还安慰你："不痛不痛，一下就好，你是个勇敢的孩子。"或者让孩子扮演护士、家人、朋友等，对"病人"进行安慰和帮助。事实上，可能孩子几天前去医院打针时还害怕得不停哭闹呢。而通过这个游戏，他会试图听医生的话，说服自己，慢慢内化他人的观点和期望，同时这也是对自己"害怕打针"的安慰和疏解。这类角色扮演的情景模拟游戏可以让孩子学会站在别人的角度看问题，培养孩子接受他人的观点，逐渐学会替他人着想。

记住，游戏是幼儿最喜欢的方式，所有的教育尽量以游戏的方式进行。

7.移情训练之换位思考

我的一位家长课堂的学员在教育孩子时使用了换位思考的方法，非常有借鉴意义。

当我发现儿子把隔壁邻居妞妞的图画书撕烂后，我真想好好教训儿子一顿，因为儿子最近总干坏事，说了好几次都不起作用。我就想到了郑老师在课堂中讲到的换位思考。

于是，我把儿子叫到跟前说："你最喜欢什么东西呀？"

儿子："我最喜欢爸爸给我买的变形金刚！"

我："你的变形金刚很好玩儿，你很喜欢它，如果妞妞故意把变形金刚摔坏了，你心里会有什么样的感觉？"

儿子："我会很生气、很伤心！"

我："对。你现在把妞妞最心爱的图画书撕烂了，你想想她心里会怎么样？"

儿子小声地说："伤心。"

我："那你觉得你做得对吗？"

儿子："不对。"

我接着说："你做得不对，以后就别伤别人的心了。你向妞妞道个歉吧！"

儿子转过身真诚地对妞妞说："对不起。"

接下来，儿子和我一起用透明胶带把妞妞的图画书粘好了，并用自己的零花钱买了一本新绘本送给妞妞。

让孩子学会换位思考的方法其实并不难。例如，孩子跌倒了，扶起他后，除了安慰他，你还可以让孩子讲讲自己摔跤后的感受。孩子可能会说"感觉很疼"。我们可以引导孩子，告诉他摔倒后心里特别希望得到别人的帮助，更不希望被周围的人嘲笑。最后告诉孩子，以后看到其他小朋友需要帮助，要主动伸出援手。

换位思考法也可以结合角色扮演来使用。如果你的孩子和另一个小朋友玩的时候，抢走了对方手中的玩具，你看见了，先不要去批评他，而说："来，我们来玩个抢玩具的游戏。"这次，你扮演抢玩具的人，把玩具从他的手里夺走。表演完后，你对孩子说："你被抢走玩具的时候很生气对不对？你抢别人的玩具，别人也会伤心的。"

面对孩子的调皮捣蛋，有的时候我们单纯的说理可能起不到好的效果。遇到这种情况，可以学习以上例子，让孩子进行换位思考，去了解他以前那样做，别人的心理感受。这样当他具备移情能力后就会明白既然自己都这样难受不开心，那别人也会很难受的。这种方法对于纠正孩子的坏习惯具有很好的效果。

七、"奶奶不让借"
——言传身教引导孩子向上向善

（一）引导孩子向上向善

一位小朋友向老师报告："老师，阳阳不借水彩笔给我。"老师问阳阳："阳阳，你为什么不借水彩笔给他呢？"阳阳回答："我奶奶说东西不能借给别人。"原来，阳阳楼上住了另一个小朋友，他们经常分享玩具，阳阳奶奶觉得楼上的小朋友总是拿很便宜的玩具和阳阳分享贵的玩具，奶奶觉得阳阳很傻，就让阳阳不要分享自己的东西了。加之奶奶刚从老家来，性格内向，平时没有朋友。还有一次，隔壁家的李婆婆过来借奶奶的收音机，奶奶说坏掉了，好久都没有拿去修了。可是阳阳明明上午还听到奶奶在放。奶奶经常给阳阳念叨，水彩笔、玩具遥控车都不要借给别人，很容易被玩坏。

阳阳不肯借水彩笔给其他小朋友是受到了奶奶的影响，奶奶可能平常说过这样的话，或者奶奶平时也很少与其他人分享东西。家庭成员的言行对孩子的影响是非常大的，事实证明，孩子看到大人有过分享行为，则更容易把自己的东西分享给别人，孩子在看过助人为乐电视节目后，会在游戏场上表现出更多的助他行为。榜样在孩子社会行为形成中占有相当重要的地位，幼儿置身于社会之中，无论是周围的人，还是电影、电视剧、小说中的主人公都是孩子学习模仿的对象。

幼儿的模仿能力极强，在生活中，他们很容易模仿别人，他们开始时会模仿周围亲近的人，随后模仿距离较远的人；先模仿父母、教师，后模仿社会上的人；先模仿现实中存在的人，后模仿文学、影视剧等艺术作品中的人物等。

一般来说，榜样的地位越高、越具权威性，就越容易被模仿。爸爸妈妈是孩子心目中的权威，他们渴望模仿成人，特别是父母那样的人。孩子对家长的一言一行都看在眼里、记在心里，哪怕是面部表情的一个细微变化都逃不过幼儿的眼睛，这些都会给他们留下深刻的印象，成为他们模仿的对象。

（二）父母"以身作则"心理小建议

家庭是孩子生活和接受教育的第一课堂，爸爸妈妈是孩子学习的榜样，是孩子的第一任启蒙老师，对孩子的影响很大。所以，在培养孩子与人交往的行为时，家长的榜样作用不容小觑。

为孩子提供良好的榜样是培养孩子与人交往的最简单也是最基本的方法。

1.实行民主型的教养方式

爸爸妈妈教育孩子的方式影响着孩子社会行为的发展，其中民主型的教养方式有利于发展孩子的社会适应能力和亲社会行为。因为采用民主型教育、教养方式可以用较为温和的、非强制性的说理，同样这种方式也会影响孩子，成为孩子与他人相处的一种方式：温和的、非强制性的。这样的行为处事方式慢慢会内化成孩子的为人处世的方式，有利于孩子与外界建立起良好的关系。

2.重视和孩子的沟通

爸爸妈妈们，千万不要觉得孩子还小，什么都不懂，所以跟他说自己的想法，他也不会理解，因此缺乏和孩子的情感沟通。我们自己有什么情绪时，完全可以和孩子分享，让孩子有了解你的感受的机会，这样他们在面对其他人的各种情绪时，就能有更多直观的认识，能处理得更好，也能更深切地了解和认同他人的感受。

比如，当工作不太顺利，或者遇到什么烦心事情时，我们可以跟孩子说："宝贝，妈妈今天工作不太顺利，明天要加班，之前约定明天去公园玩的事情可以下次再去吗？"或者："宝贝，妈妈今天晚上太累了，今天晚上可以不讲故事吗？"我们有什么情绪可以跟孩子交流，但是要注意，不要用过激的方式表达，也不要以消极的态度来陈述，避免让孩子陷入困惑之中。

同时，我们也要鼓励孩子表达自己的情感。情感表达能促进移情能力的发展，孩子的心理活动非常丰富，并不是让他吃饱穿暖就可以，我们需要适应孩子情感能力的发展。比如孩子回家后嘟着个嘴，我们可以这样问孩子："宝宝看起来很不高兴，发生什么事了，可以告诉妈妈吗？""爸爸刚才忙着做事没空陪你，你会不会生气啊？"积极去引导孩子说出他的感受，当孩子用不完整、不清晰的词句表达他的感受时，不要打断他，而是需要放下手中的事情，看着孩子的眼睛，认真聆听。

总之，亲子之间的相互作用和情感关系将会影响到孩子对以后社会关系的期望和反应，民主、和谐、平等的家庭氛围和亲子关系对孩子未来的亲社会行为的发展起着十分重要的作用。

3.以身作则，引导孩子向上向善

家长们还要注意规范自身的言行，做孩子的楷模，以良好的品德行为潜移默化影响孩子。生活是幼儿的课堂，日常生活中的点滴小事虽然琐碎，却都是孩子观察、学习、模仿的重要内容。

例如，在家里，当孩子因为小鸟死了而伤心时，如果妈妈冷冷地说"死了就死了呗"，然后顺手把小鸟扔到垃圾箱。这种情况下，妈妈这种消极、冷漠的处理方式，必定影响孩子以后的行为，使得他对于生命的逝去、对于弱者的伤害都没有感觉。如果我们都这样，我们又怎么能期盼孩子们会做出同情、关心他人的行为呢？

因此，爸爸妈妈应切实提高自身的修养，规范自己的行为，注意与周围的人和睦相处、积极合作，并热心地为他人排忧解难，为孩子树立良好的行为榜样。

　　我们不仅要在孩子摔倒、伤心、遇到困难时给予关怀和帮助，而且在遇到他人，如同伴、邻里有困难时，要给予关注、抚慰，并要求、带动孩子也这样做，随时随地给孩子树立良好的榜样。

　　例如，为了培养孩子乐于助人的品质，父母可让孩子从小事做起。当妈妈下班回来时，爸爸让孩子帮妈妈开门；当爸爸出门办事时，妈妈让孩子去关心爸爸，说一句"路上开车要小心"；当妈妈正在洗衣服时，爸爸可以启发孩子，给妈妈捶捶背；当奶奶生病卧床时，妈妈可以让孩子递水、送药；当买回来新鲜的橘子，让孩子剥橘子给家人吃，使孩子懂得好东西要分享；当看到老人手里的东西滑落时，告诉孩子："你看那位老爷爷弯腰多吃力呀，我们赶快帮助他把东西捡起来吧！"当孩子的玩伴摔倒时，让孩子主动去扶起来，并加以安慰。在这些举动中，孩子会体验到帮助别人的快乐，进而逐渐养成助人为乐的习惯，逐渐懂得如何更好地与人相处。

重要提醒

01

积极主动的孩子受人欢迎；冲动易怒的孩子遭人排斥；害羞腼腆的孩子被人忽视。

02

被人排斥的孩子，要帮助他分析原因，通过角色扮演体验他人感受；被人忽略的孩子要培养他的自信。

03

父母大方孩子大方，父母好客孩子好客。父母的言行促进孩子形成分享意识。

04

情绪识别、追忆情绪、角色扮演、换位思考，会培养出社交属性高的孩子。

第 **5** 章

孩子的学习天性

大自然是幼儿最好的老师，

水和泥沙是幼儿最好的玩具。

对于学习而言，记忆是基础。记忆是人积累生活经验和知识的基本手段，有了记忆，智力才能不断发展，知识才能不断积累。

每个人的记忆能力不同，每个孩子的记忆发展水平也不一样。现实中，有的人过目不忘，有的人刻意反复却记不住；有的人记得准确无误，有的人记得模糊不清；有的人可以长久不忘，有的人转瞬即忘。那么，人的记忆是什么时候出现的？婴幼儿的记忆有差异吗？不同年龄婴幼儿的记忆特点有什么不同？如何做才能科学提高自家孩子的记忆力呢？这些问题正是我们这一章要讨论的重点，也是爸爸妈妈们应该了解的。

一、孩子记忆发展的特点与规律

有些妈妈会认为孩子是出生后才有记忆的，实则不然。婴幼儿的回忆从出生开始，而记忆则是从子宫开始的。长期以来，人们认为记忆的发生应当在婴儿出生以后，条件反射等现象证实，婴儿在出生后几个小时内就产生了记忆。但是，近些年大量的研究显示，8个月左右的胎儿就产生了记忆，刚落地的新生儿其实已经就携带着一只装满子宫中记忆的小箱子啦！

法国巴黎健康卫生科学院做过一个关于胎儿记忆的实验，让一名28岁的孕妇从孕期8个月开始，每隔一天到科学院做一次音乐胎教，直到分娩。婴儿出生后3天，当播放原来在母体内听惯了的音乐时，婴儿做出有节奏的吸吮动作，双手也随着音乐节奏有规则地摆动，甚至在他哭的时候，听到这些音乐就会平静下来。播放其他音乐时，婴儿则没有动作或者动作不合节奏。

我也用自己的亲身实践证明了孩子在子宫内产生记忆这一论断。我怀孕的时候对孩子有大量音乐胎教，因为我本人从小学艺术的原因，除了听我还能弹，尤其胎动厉害的时候，我会坐到钢琴前很轻柔地弹奏《小星星》。女儿出生后，每当她哭泣，只要听到《小星星》的钢琴声，哭泣立刻就会停止。

美国心理学家小组让刚刚出生33个小时的新生儿听妈妈的声音和别的女人的声音的录音。结果发现，当新生儿听到自己母亲的声音时，吃奶就更加起劲儿，这可以侧面说明孩子一出生是熟悉妈妈声音的，在子宫里听到的声音让孩子一开始就有了记忆。

上面两个实验都说明胎儿已经能够记忆事物了。凡是在子宫中经常听到的声音，出生后婴儿就能够回忆起来。尤其到了孕晚期，胎儿的神经系统逐渐成熟，复杂功能开始健全，这为记忆提供了生理保证。所以，准妈妈们要注意了，在孕期的时候尽量让孩子接触开心的、积极的事物，孩子所听到的、感觉到的很可能以后都在他的记忆百宝箱中留下印记。另外孕期不仅妈妈要多和孩子说话，爸爸也要经常贴着肚子和胎儿多交流，并多给胎儿播放轻柔的音乐和有趣的童话故事等等。

出生后，婴儿的记忆随着年龄增长而发展。新生儿最早的记忆是对被母亲抱或吃奶姿势的记忆。比如对于吃母乳的孩子来说，妈妈只要以孩子习惯的姿势抱他，他就会自觉地寻找乳头。这其实说明，经过反复，孩子已经对吃奶这一姿势有了记忆。

2—3个月时，婴儿会有短时记忆。比如当孩子注意的东西从视野中消失时，他能用眼睛去寻找，这就是短时记忆的引导。

4—5个月时，婴儿就能记住喂奶和经常抚爱自己的人，能把她与陌生人区别开，即能够对熟悉的人再认，但这时的再认只能保持几天，如多日不见就不能再认了。

5—6个月以后，婴儿对人的整体外貌会逐渐有完整的认识和记忆。这个时候孩子能记住妈妈的模样，见到妈妈时，四肢舞动、面带笑容，甚至发出笑声。在这种情况下，孩子还可能会出现认生的情况。比如有些孩子会只要妈妈或者熟悉的人抱，其他人一抱就要哭；有些孩子爸爸一开始抱得好好的，但是出差一两个月回来抱时可能一开始孩子要哭，几天过后又不再哭了。这里也要提醒父母们，家中有月嫂或育儿嫂的，会出现一种情况，就是孩子一到晚上犯困，只要育儿嫂不要爸妈的情况，所以还是提倡有条件的家庭父母尽量自己多带孩子。

9个月左右，婴儿能对之前出现的动作进行延迟模仿，孩子逐渐对一些手上的动作或者玩具感兴趣。例如，爸爸妈妈按压手机玩具上的键可以发出声音，一天后当手机玩具再次出现时，孩子会按键弄响手机。发展到孩子2岁左右时，就具备了比较稳定的延迟模仿能力。

1岁以后，随着语言的发育，幼儿的记忆能力逐渐增强。1岁多的孩子能记住自己用的东西和一部分小朋友的名字；2岁时能记住简单的儿歌，这时期幼儿的记忆保持时间明显延长，记忆能保持几个月，如爸爸妈妈离开几个月后再回来时，孩子不像几个月的时候，而能够实现再认；到4岁，孩子能再认1年以前的事情；发展到4—6岁，孩子记忆力显著增强，往往能再认2年以前的事情。

不同于记忆，2岁以后的幼儿才能出现回忆。孩子的回忆能力也随年龄增长而逐渐延长，2岁左右能回忆的时间很短，3岁的孩子能回忆起几星期以前的事情，4岁的孩子可以回忆起几个月以前的事情。发展至4岁以后，孩子一般可回忆更长时间，逐渐到半年、1年、几年前的事物。

（一）孩子的超强记忆力

长期以来，人们低估了婴儿的长时记忆，认为婴儿对一件事的记忆时间很短，不能超过几分钟，这是不正确的。如果婴儿能够周期性地接触最初的学习环境，行为可以让他产生明显的记忆，那么他在几天甚至几周以后依然可以重复之前学到的行为。

这方面的例证是科学家们设计的"婴儿踢腿"系列实验。这个实验比较有意思，可以帮助爸爸妈妈认识到孩子超强的记忆力。实验是这样的：让婴儿仰卧在小床上，床上方悬挂漂亮的旋转风铃，然后拿来一条绳子，绳子的一头系在风铃上，另一头系在婴儿的脚脖上。当婴儿踢腿时，绳子拉扯旋转风铃，旋转风铃就会转动。如果他踢得用力，那些玩具就会相互撞击发出悦耳的敲击声，而且婴儿踢得越多，他就可以听到更多的敲击声。

科学家们首先记录风铃没有连到脚上的情况下婴儿踢腿次数的基础水平，之后和风铃动了的踢腿次数进行比较。对2—6个月大的婴儿来说，在几天或几周以后重新把旋转风铃放到他的床上方，当婴儿看到这些旋转风铃时，虽然并没有用丝带将玩具和婴儿的脚脖连接起来，但婴儿的脚还是会不停地踢动，而且频率明显高于平均水平。

其实，婴儿的长时记忆可以使他有一个从容的生活。如果没有"老"的记忆，生活该是何等的艰难！当他饿的时候，他的身体蜷缩着，等待着美味的奶水，他记得妈妈的体香，奶水甜甜的味道，这种美妙的记忆帮助他坚持着。他看见妈妈洗手了，听到玻璃奶瓶在洗碗池上碰撞的声音，热奶器发出嘀嘀的叫声……这些与准备奶有关的举动，都会勾起他对上次及以前喂奶留下的幸福回忆。他开始期待，知道等不了多久就能美餐一顿了。

除了保留时间更短一些之外，婴儿的记忆过程与年龄大的孩子和成人之间可能并不存在根本性的差别。人的记忆系统实际上从很早就开始工作得相当好，只不过婴儿的记忆更加脆弱而已。

（二）孩子记忆的发展特点

与0—3岁的婴幼儿相比，3—6岁的幼儿参加的各种活动更丰富、更复杂，语言表达能力进一步增强，信息储存容量增大，记忆得到快速发展。

婴幼儿记忆按有无目的可以分为无意记忆与有意记忆，按照具体内容可以分为形象记忆和词语记忆，按照是否理解可以分为机械记忆与意义记忆，按照时长效果可以分为瞬时记忆、短期记忆、长期记忆。下面按照这几种分类，来说一说孩子记忆的特点。

1.无意记忆占优势，有意记忆逐渐发展

生活中，爸爸妈妈可能经常遇到这样的情景：自己的某件东

西不知放到哪儿去了，向孩子"求救"，这时他可能一下子就能帮你找到。这是因为孩子的记忆没有目的性，凡是他感兴趣的、印象鲜明的事物都能记住。如果孩子曾看到父母拿着某个东西放在一个地方，他的记忆深处就会保留当时的情景，他很可能十分容易就能帮着找到。

3岁以前的幼儿基本上只有无意记忆，不会进行有意记忆。比较独特的是，在整个婴幼儿期，无意记忆的效果都优于有意记忆。幼儿的记忆以无意记忆为主，他们只能记住那些形象鲜明的对象、引起其兴趣的事物或引起其强烈情绪体验的事物。这种记忆方式是幼儿记忆的基本特点。这也是为什么这个时期的幼儿并不需要专门学习一门语言，你只需要把相关的语言语音每天当作背景音乐一样在家里播放，孩子就会在自然而然中习得这种语言。随着年龄超过6岁，这种无意记忆的功能会逐步减弱，但是有意记忆会逐步增强。

6岁以前，无意记忆效果随着年龄增长而提高。例如，给小、中、大三个班的孩子们讲同一个故事，事先不要求记忆，过了一段时间以后，进行检查。结果发现，年龄越大的幼儿无意记忆的效果越好。

但是随着年龄的增大，有意记忆逐渐发展是幼儿记忆发展中最重要的质的飞跃。有意记忆的效果依赖于对记忆任务的意识和活动动机，在实验室条件下，水平最低；在游戏和完成实际任务的条件下，水平较高。这就是为什么要求孩子在那里一本正经地学习效果反而不好，而一边玩游戏一边学习却学得很好。到了小学阶段，有意记忆才赶上无意记忆。

虽然越生动越容易记住，但是要孩子将记忆专门作为有目的的活动是困难的。3岁以前基本是无意记忆，到5—6岁的儿童有意记忆的能力开始发展起来，如大人委托他做某件事，他会运用简单的记忆方法，如重复大人说的话来记住这件事。进入小学后，在教育的影响下，有意记忆的能力得到较快发展。

2.形象记忆占优势，语词记忆逐渐发展

幼儿的形象记忆占优势。形象记忆是根据具体的形象来记忆的。在孩子语言发展之前，记忆内容只有事物的形象，即只有形象记忆。在语言发生后，甚至整个幼儿期，形象记忆仍然占主要地位。

对这个时期的孩子来说，形象记忆的效果高于词语记忆的效果。幼儿对熟悉的事物记忆效果优于熟悉的词，而对生疏的词，记忆效果显著低于熟悉的事物和熟悉的词。因为孩子在幼儿阶段对熟悉事物的记忆依靠的是形象记忆。形象记忆在记忆时所借助的是形象，形象带有直观性、鲜明性，所以记忆效果最好。熟悉的词在幼儿头脑中与具体的形象相结合，产生联想，因而记忆效果也比较好。至于生疏的词，在幼儿头脑中完全没有形象，也不能产生联想，因此记忆效果最差。

整个幼年的记忆特点是形象性，孩子识记形象直观的材料，要比识记抽象的原理和词汇容易得多。而在识记词汇的过程中，生动形象化的描述又比抽象的概念容易让孩子接受。不过，在5—6岁的孩子中，词语记忆的发展速度已经大于形象记忆了。

3.机械记忆用得多，意义记忆效果好

成人一般是通过对事物深层次的理解，找出事物的特征和联

系进行记忆的。而孩子的记忆带有很大的直观性和形象性，通常他们只会机械地记住事物的外部特征，不会对此进行分析。例如孩子背唐诗，只是将字一个一个机械地背下来，而不能理解其中的意义。

机械记忆是对所记材料的意义和逻辑关系不理解，采用简单的、机械重复的方法进行记忆，比如刚才我们提到的幼儿阶段背诵唐诗。而意义记忆是根据对所记材料的内容、意义及其逻辑关系的理解进行的记忆，我们会看到进入小学后，随着孩子年龄的逐步增加，意义记忆的能力也在不断提升。

幼儿这种机械记忆的能力有时相当惊人。有的幼儿虽不懂得数的实际含义，却能流利地从1数到100或更多。机械记忆有利于帮助幼儿掌握更多的知识，他们会在此基础上学会意义记忆。

幼儿对理解的材料的记忆，远比不理解的机械背诵的效果好。日常生活和教学中许多事实都能说明这一点。比如，幼儿容易记住"雪白""天蓝""火红""五颜六色""笔直"等这些容易理解的词语，却不易记住"洁白""蔚蓝""红艳艳""五彩缤纷""挺拔"等这些难以理解的语词。

随着幼儿知识经验的增加和理解力的增强，幼儿的意义记忆能力也在不断地发展着。5—6岁的幼儿复述故事时，就不再是逐字逐句地照背，而是根据自己对故事内容和意义的理解来进行记忆，许多比较抽象的词，如"美丽""认真""真诚""炯炯有神""兴趣盎然"，寓言如《刻舟求剑》《守株待兔》《拔苗助长》《掩耳盗铃》《亡羊补牢》《画蛇添足》等，幼儿都能在老师的启发下，在理解的基础上背诵、运用。

在整个幼儿期，无论是机械记忆还是意义记忆，效果都随着孩子年龄的增长而有所提高。并且到了5岁，幼儿机械记忆的效果也越来越好，意义记忆和机械记忆效果的差别逐渐减小。这是因为两种记忆越来越多地相互渗透与补充，逐步在机械记忆中加入了越来越多的理解成分，使机械记忆的效果有所提高。

4.记得少、忘得快

幼儿的记忆范围和保持时间，是随着年龄的增长而逐渐扩大和延长的。

可以说，孩子的记忆是记得少、忘得快。

当见过的事物不在眼前时，1岁以内的孩子根本回忆不起来；2岁左右的孩子可以回忆几天以前的事；3岁左右的孩子可以回忆几个星期以前的事情。比如，还是之前举过的一个例子，爸爸在外学习1年后回到家中，小宝贝可能会不要爸爸抱，因为他已经忘记了爸爸的模样，把爸爸当成了陌生人。

我自己有一个印象深刻的例子。2008年汶川特大地震，成都震感强烈，每天余震不断。我的孩子刚刚出生5个月，我们很担心老人孩子的安危，于是我让母亲带着孩子飞往乌鲁木齐亲戚家，两个月后，母亲带着孩子返回。我们到机场接她们，因为托运了很多行李，母亲走出来把孩子交给了我，再返回取行李。当外婆转身离去，孩子在我怀里声嘶力竭地痛哭，不断想挣脱我和她爸爸，那个时候她的内心充满了恐慌，因为她根本不知道这两个突然出现的陌生人是谁，哪怕在乌鲁木齐的两个月我们时不时还连线视频。回家后大约用了两周的时间，她才对我们重新熟悉起来。但是如果当时她不是5个月，而是6岁，你把她在外面放一年甚至更长时间，她也知道自己的爸爸妈妈是谁。

记忆的精准性也同样是随着年龄的增长而逐渐提高的。他们对简单熟悉的东西记得精确，而对复杂事物的记忆就会有遗漏或出现偏差。例如，孩子听了一个故事，他只会记住自己感兴趣的某些情节，而对整个故事却记不住或混淆故事情节。有时候，孩子记忆力的这种不准确性，常会被大人误解为说谎。其实这并不是孩子在说谎。在日常生活中，爸爸妈妈对孩子的言行要充分考虑其心理特点，不要盲目下定论。

二、喜欢昆虫的聪聪——善用兴趣助力记忆

聪聪今年3岁了，妈妈准备教他一些简单的数字，可是无论妈妈怎么教，聪聪总是记不住。有的时候一拿出数字卡片，聪聪就嘟着小嘴，十分不情愿的样子，换了爸爸来教也同样如此。聪聪始终不能对数字感兴趣，即使咿咿呀呀地学会了几个数字，不到一会儿便又忘记了。令妈妈很费解的是，聪聪虽然怎么也记不住数字，但是他却很容易记住昆虫。有一次去公园玩，爸爸指着一只瓢虫让聪聪看，并告诉他瓢虫有着圆圆的壳，背上有小圆点，看侧面就像一个翻过去的水瓢。聪聪就好奇地看了好久，不时还用手碰碰瓢虫。一周后，聪聪惊奇地在小区发现了树叶上的瓢虫，拉着爸爸去看。还有一次他在电视上看到一只毛毛虫，聪聪也能在很长时间后记得软软的、长长的，身上长着好多毛的毛毛虫。

聪聪这种表现其实是幼儿无意记忆的原因，这种无意记忆越形象让他记得越牢固。幼儿时期主要发展的是无意记忆，幼儿所

获得的知识和经验大多是生活和游戏活动中无意地、自然而然地记住的。他们的记忆取决于事物是否新奇、鲜明，幼儿是否感兴趣。因此，在日常生活和游戏活动中就能很好地培养孩子的记忆力。

（一）兴趣记忆训练心理小建议

既然无意记忆是孩子的主要记忆，那么怎样做才能符合孩子记忆的天性呢？我们又怎样在幼儿初期利用无意记忆培养孩子的记忆习惯，让未来的学习事半功倍呢？

1.提供鲜明直观的识记材料

给孩子提供的记忆材料一定要鲜明、简单、突出、直观，这些东西一定要与他们的生活内容和自身有关。例如，各种材料制作的不同形状的有趣小卡片，能活动的计数器、玩具和实物等。如果再配以生动活泼、深受其喜爱的游戏与木偶戏等，就会更好地确保孩子获得深刻的印象，从而达到提高记忆效果、发展记忆能力的目的。

爸爸妈妈要多带孩子到外面，让他接触更广阔的空间，扩大他的眼界。孩子观察到的事物越多，所获得的记忆对象就越多。

直观、形象、具体、鲜明的事物，因物理特点突出，容易引起孩子的注意，也容易被孩子在无意中记住。

2.利用游戏激发孩子的记忆兴趣

我们都有这样的体会，尽管没有人要求孩子去记，但孩子在看了自己感兴趣的电视节目后，往往能惟妙惟肖地表现电视中人物的语言和动作。特别是对于与其快乐情绪相联系的事情，如很多儿童产品的电视广告往往会配上生动有趣的音乐和一句生动的广告词，孩子几乎过目不忘；或者某次过生日时妈妈买的布娃娃，某次节日上台为小朋友表演的情景，等等，常使他们终生难忘。

"哪里没有兴趣，哪里就没有记忆。"歌德的话正好说中了幼儿的记忆特点。明智的爸爸妈妈绝不会"命令"孩子记住这记住那，而是让孩子在玩中学、玩中记。有一些专门的实验或测验，如把幼儿带到实验室里，简单地要求他们完成记忆任务，幼儿对这种活动缺乏兴趣，记忆效果往往比较差。而在能激发孩子兴趣的各种游戏中，无意记忆和有意记忆的效果都比较好。这就可以解释，为什么在小学阶段，学习兴趣的培养优于学习内容本身，这在我的另一本《一看就懂的育儿心理学（小学阶段）》中有更详细的讲解。

听到"你拍一，我拍一，早早睡觉早早起……"这样的拍手歌朗朗上口，孩子一听就容易记住。很多儿童产品广告深谙幼儿心理，用有节律的儿歌和熟悉的旋律将产品植入幼儿大脑，某一天你回家，孩子突然跟你说"妈妈，刷牙我用牙牙乐"或者"我要旺旺，我要，我要，我全都要"，都是因为受到广告的影响。

爸爸妈妈也可以利用幼儿记忆的特点，多安排一些这样的活动。可以训练幼儿记忆力的类似游戏很多，比如说歌谣、猜谜语、唱儿歌等，这些游戏活动能让孩子无意间记住许多东西，获得很大进步。下面是一些能够激发孩子记忆兴趣的游戏，爸爸妈妈们可以参考一下。

3. 能够激发孩子记忆兴趣的游戏

（1）游戏1 拍手游戏

你拍一，我拍一，一个小孩坐飞机；

你拍二，我拍二，两个小孩梳小辫；

你拍三，我拍三，三个小孩吃饼干；

你拍四，我拍四，四个小孩写大字；

你拍五，我拍五，五个小孩在跳舞；

你拍六，我拍六，六个小孩拍皮球；

你拍七，我拍七，七个小孩猜谜语；

你拍八，我拍八，八个小孩吹喇叭；

你拍九，我拍九，九个小孩找朋友；

你拍十，我拍十，十个小孩立大志。

（2）游戏2 "你问我答"

通过问问题，强化孩子的记忆力。例如，经过邻居家的时候，你可以问孩子："谁住在这里呀？"孩子通过思考后回答："王奶奶住在这里。"这样能让孩子从记忆中找到相应的信息回答问题，锻炼记忆思考能力。

（3）游戏3 《小蝌蚪找妈妈》

讲完《小蝌蚪找妈妈》的故事后，父母可以让孩子当小蝌蚪玩找妈妈游戏，孩子在表演的浓厚兴趣中会记住青蛙的外形特征和生长过程。

（4）游戏4 依次说名称

把几样东西按先后次序排列在桌上，让孩子看上几十秒钟，然后遮起东西，让孩子凭记忆依次说出这几样东西的名称。

（5）游戏5　开商店

让孩子担任"顾客"的角色，"顾客"必须记住应购物品的各种名称，角色本身使孩子意识到这种识记任务，因而也就努力去识记，记忆效果也会有所提高。

（6）游戏6　参观橱窗

路过商店橱窗时，先让孩子仔细观察一下橱窗里陈列的东西。离开后，要求孩子说出刚才看到的东西。

一般来讲，孩子的记忆效果与情绪有很大关系。符合幼儿兴趣的事物，能激起幼儿愉快、不愉快或惊奇等强烈情绪体验的事物，都比较容易成为幼儿注意的对象，也容易成为无意记忆的内容，且幼儿记忆都较深刻。而对感到沉闷的事物，如单调的讲话、长篇大论的训话，或由于家长的批评、惩罚而处在消极的情绪状态下，孩子的记忆效果就会较差。这就是为什么感人的道德故事比空洞的道德说教容易使幼儿记住的原因。同时也是为什么进入小学阶段，孩子的学习问题其实是情绪问题的原因。

4.明确任务，布置"作业"

如果没有具体要求，孩子是不会主动进行记忆的。同时，要求幼儿把记忆作为有目的的活动也是比较困难的。但在日常生活和组织孩子进行各种活动时，如果老师、爸爸妈妈能给孩子提出恰当的识记任务，那么孩子有意记忆的效果甚至会超过游戏的效果。

出现这种结果的原因至少有两个：第一，孩子一旦明确了记忆的任务、目的，可以提高他大脑皮层有关区域的兴奋性，形成优势兴奋中心，因而记得牢；第二，在完成生活中的实际任务时，幼儿的记忆效果能够得到成人或小朋友的集体评价，或者受到赞许，或者得到奖励，这种赞许或奖励是一种实际的强化和阳性的强化。

下面是几个促进孩子有意记忆的例子。先别说孩子，就是我们大人可能也不记得走过无数遍的楼梯有多少级台阶。但是，你如果跟孩子说："来数数姥姥家楼梯有多少级台阶，等姥姥回家后告诉她。"孩子准会记牢。

给孩子讲故事前跟他说："妈妈要讲一个特别好玩的故事，回头你再讲给爸爸听。"这也能促使孩子记住妈妈讲的故事。

让孩子讲自己的故事。选择一个让孩子印象深刻的经历，和他一起回忆这段经历。开始的时候，主要由爸爸妈妈叙述，适当地让孩子做补充，慢慢地让孩子做主讲人。坚持下来，孩子的记忆丰富了，就能绘声绘色地描述自己的经历，而且能有条理地整理、重现过去的经历。

周末带孩子去动物园之前，让孩子留心怎么去动物园，动物园里有哪些动物，各种动物长得什么样，等等。晚上回家后让孩子说给爷爷奶奶听。

晚上临睡前，告诉孩子妈妈明天要做哪些事、什么时间做，等等。让孩子帮助妈妈记住，以便及时提醒妈妈。第二天，孩子如能及时提醒，妈妈要给予表扬，激发孩子的记忆兴趣。

爸爸妈妈一定要注意，给孩子提出的记忆任务要具体、难度适中，当孩子完成任务时要及时给予积极的反馈。

三、蓓蓓喜欢用彩笔涂数字——善用形象记忆法

蓓蓓开始学习数字时可让妈妈伤了脑筋，不管用卡片还是用积木，蓓蓓都记不住，试了好多种方法也只能记住一两个数字，而且也还是很简单的。后来妈妈买了一个彩笔填涂数字卡，卡片上列举了1到10的数字，每个数字先有一个工整写法，再有一个数字的联想形象，比如1旁边是根小棍，2旁边是个鸭子等等。蓓蓓一看见这种卡片就很感兴趣，妈妈先教蓓蓓念，然后再让她用彩笔填涂，蓓蓓涂得可认真了，一边涂一边念着数字，不一会儿居然都记住了。

对于幼儿而言，形象记忆是最有效的学习方法。对于蓓蓓而言，枯燥的数字记忆方法对她来说并不合适，换了一种看上去没有那么有效、边涂画边记忆的方式反而更适合她。其实对很多孩子而言，形象记忆都是很好的记忆方式。例如，妈妈可指着汽车的图片，告诉孩子"这是汽车"，他就会把"汽车"的概念和这个形象联系起来输入脑海里。随后，妈妈应该尽可能创造机会，让孩子亲眼看见、亲身感受，那么整个记忆过程就会变得高效而愉快了。

形象记忆训练心理小建议

既然形象记忆有如此良好的效果，那么在日常生活中我们如何善用形象记忆帮助孩子增强记忆呢？下面介绍几种具体的方法：

1.增强形象事物，促进记忆

幼儿对语词的记忆能力较弱，以情绪记忆、形象记忆为主。在记忆的时候，我们可以多引导孩子观察一些实物，如鸭子、长颈鹿、飞机、火车等。通过细心观察，以上这些事物的具体形象都会在孩子的脑海里留下深刻印象，促使他们记忆。

另外让孩子记忆儿歌、故事、字母等抽象材料的时候，可以配上生动的图片或夸张的声音等，比如和孩子一起看着画面讲故事，这些都有助于孩子对故事的记忆；讲故事时配上抑扬顿挫的语调等等。

孩子在学习知识的过程中，父母和老师如能恰当地运用实物、标本、模型图画等直观教具进行教学，孩子就能产生形象记忆，提高记忆能力。

2.调动多种感官，增强记忆

很多爸爸妈妈都有这样的经历：搭积木的时候，如果孩子不动手，只是看着大人怎么做，他很难记住应该怎么做；如果他自己动手搭积木，下次他还能搭起来。很明显，光用眼睛看的记忆效果，不如用眼睛看再加上用手做的效果。

为了提高孩子记忆的效果，可以采用"协同记忆"的方法，即在孩子识记时，让多种感觉器官如视觉、听觉、嗅觉、味觉、触觉参与活动，在大脑中建立多方面联系，从而加深孩子的记忆。

例如，教孩子识记水果、蔬菜等词语时，应尽量让孩子多看一看、摸一摸、闻一闻、尝一尝，通过眼、耳、口、鼻、手等感官从多方面了解它们的颜色、形状、味道，这样孩子会记得又快又牢。

再如，为了使幼儿认识纸张，可以让孩子把纸放到水里看纸吸水，把纸放在火上烧一烧，用手撕一撕纸。通过实际操作，孩子就会记住纸的吸水性、易燃性、易碎性等特点。

有个实验，以10张画片为材料，单凭听觉，孩子的记忆效果为60%，单凭视觉的记忆效果为70%，而视、听觉和语言活动协同进行，记忆效果为86%。

也就是说，如果让幼儿把眼、耳、口、鼻、手等多种感觉器官利用起来，使大脑皮层留下很多"同一意义"的痕迹，并在大脑皮层的视觉区、听觉区、语言区、嗅觉区、运动区等建立起多通道的联系，就一定能提高记忆效果。因此，应让孩子多运用各种感官参加记忆活动。这种多感官的调动，对于成年人的记忆也有很大帮助，在专业的催眠治疗中，催眠师也在积极地使用这一技术帮助来访者修改消极记忆，强化积极记忆。

3.加强动作演示，辅助记忆

在记忆过程中，不一定能随时找到图片和实物。那么我们不妨通过动作演示帮助孩子来准确理解并记忆。

比如，教孩子认识小白兔，妈妈可以教幼儿把手指竖在头顶上模仿兔子的耳朵，让孩子一边做动作一边记忆"小白兔"。下次没有小白兔的图片时，妈妈再跟孩子做这个动作，他就会容易记起这个长耳朵动物了。

在讲故事、听儿歌时，也可以运用动作演示法。比如讲《小鸭子游泳》这个故事时，当讲到"小鸭子摇啊摇，扑通一声跳下河"时，"摇啊摇""扑通一声"等语言都可以通过动作演示。形象生动的动作表演能让孩子记忆深刻，起到提高记忆的作用。

讲《猴子过河》的故事时，可以示范猴子看到河对岸有许多桃子后急得抓耳挠腮的样子，而且可以让孩子也学猴子着急的动作。通过模仿，引出"抓耳挠腮"这个词，孩子理解了词意，就能很准确地记忆和运用了，下次提到"猴子"，孩子立马就会想到"抓耳挠腮"了。

再比如欣赏古诗《静夜思》时，其中"举头望明月，低头思故乡"的诗句，通过爸爸妈妈的动作演示，幼儿能准确理解诗意，并且以后会记忆犹新。

4.善用比喻，加深记忆

无论是给孩子讲故事、朗诵诗歌，还是示范体育动作、舞蹈动作、绘画技巧，除了正确规范外，还应运用一些浅显易懂的比喻手法破解难点，在孩子的脑海里留下难忘的印象。

比如，画金鱼的尾巴时，可告诉孩子，金鱼的尾巴像一片树叶，孩子记住了尾巴的样子，便能较容易地画出来。

另外在学习数字时也可以利用这个方法。我们在教小朋友认识阿拉伯数字的时候，习惯把实物图片与数字结合起来，并汇编成儿歌教给幼儿，小朋友在朗朗上口的儿歌中就记住了数字的形象。

1像铅笔会写字

2像鸭子水中游

3像耳朵听声音

4像小旗迎风飘

5 像秤钩来买菜

6 像哨子吹声音

7 像镰刀来割草

8 像麻花拧一道

9 像蝌蚪尾巴摇

10 像铅笔加鸡蛋

四、坐不住的东东——正确认识孩子的"多动"

东东是从其他幼儿园转来的孩子，刚入园的时候，王老师就发现他跟其他小朋友很不一样：来老师办公室时是被妈妈强行拉着来的，看到老师办公室桌子上的订书机就拿起来玩，没一会儿就掉到地上摔坏了；他无法端坐在小凳子上，总是不断起身去找办公室他能够得到的东西。妈妈跟老师谈话的时候，他又注意到了院子里的滑梯，于是径直从办公室跑出去爬滑梯。老师跟他说话，他和老师也没有眼神对视。进入班里后，就更让王老师头疼了，原来这孩子不能像其他小朋友一样老老实实地坐在凳子上，不一会儿就忍不住站起来到处走动，老师一提醒，他就坐下，可不一会儿又站起来了。老师发现，如果每节课都管东东的话，这课几乎没法上。东东唯一在美术课上还能相对集中注意力，但兴趣也不能持久，最多5分钟就要干别的事情去了。当遇到人际冲突时，爱大喊大叫，时常攻击别人。王老师有些后悔把东东留在自己班里，可以说东东每天都在给老师制造麻烦，快要把老师的耐心消耗殆尽了。

（一）"多动"孩子的表现

首先我们不要轻易给孩子贴一个"多动症"的标签，现实生活中，如果爸爸妈妈发现孩子注意力常常难以集中，老师也总反映孩子上课存在注意力缺陷，我们就需要保持观察是不是多动症，这要分两种情况来看：

第一种情况是孩子的年龄特点决定的，天性好动。孩子的注意力不像成人那样能维持较长时间。但父母往往对孩子要求偏高，这对孩子来说是很困难的。前面讲过，3—6岁孩子的无意注意仍占优势，有意注意在逐渐发展。3岁左右的孩子，注意力不超过5分钟；4—5岁的孩子，注意力不超过10分钟；6岁左右的孩子，注意力不超过15分钟。当然这是平均值，如果对某些事物和活动感兴趣，孩子的注意集中时间会大大超过这个平均值。

第二种情况是孩子真正患有"多动症"。它的专业术语叫"注意力缺陷多动障碍"，这类孩子很难集中注意力于某项任务。爸爸妈妈也不用过分担心，在现实中，绝大多数孩子属于第一种情况，属于天性好动；只有少数的孩子属于第二种情况，比如在学龄期（小学阶段）只有3%—5%的孩子被诊断为多动症，其中大部分都是男孩子。

那么，父母该如何初步区别孩子是天性好动还是可能患有多动症呢？科学研究和实践观察发现，多动症在不同年龄段会表现出不同的症状，借助以下分析可以帮助爸爸妈妈做判断。

（二）多动症的发展阶段

婴幼儿期：出生后1个月到3岁。满月后，与一般孩子比较，多动症孩子显得更为活泼好动，如常将包布蹬掉，容易被激惹，过分哭闹。到会爬行时，常爬出围栏，经常从摇篮翻出摔倒。到学步时，不好好走，迫不及待地想要往前奔跑，不愿大人抱，不愿被牵着走，喜欢摔打玩具，干扰大人说话，不听大人的话，较易发生磕磕碰碰或摔伤。父母抚养这种孩子感到特别累，在临床上我们把这类孩子称为难养型。

学龄前期：3—6岁，属于儿童多动症的初发期。突出的症状包括，做每件事都不够专注；不能专心谈话；看不进去任何读物；无法静坐，总是在房里跑来跑去；经常不顾危险地攀高；喧闹；爱发脾气、好顶嘴、固执、倔强、霸道；招惹同伴；有攻击和破坏行为；对小动物残忍；参加集体活动困难，等等。

学龄期：从小学起到青春期开始（12岁左右），属于儿童多动症症状最明显的时期。儿童多动症的发病率一般都是在这个时期统计出来的。突出的症状有，上课注意力不集中，学不进去，经常完不成作业，学习上越来越困难；忍受挫折力差；对刺激反应过强；与同伴相处困难；易于冲动，等等。

青春期：约从12岁开始到18岁。这里需要特别说明，青春期其实并不是18岁结束，现在我们发现青春期有提前的趋势，但青春期的结束时间却越来越晚，这一点我会在《一看就懂的育儿学（中学阶段）》有更详细的说明。

大约有48%的儿童多动症表现会持续至青春期。突出的症状是无法完成作业，多门功课不及格；做事有头无尾；谈话过程常常心不在焉；爱插嘴；多嘴多舌；对不愉快的刺激反应过度，常打人骂人；不服从管教，等等。

有些爸爸妈妈可能觉得多动症只会持续到青春期，实则不然，有的多动症可能会在治疗和成长中逐步走向正常，但是在我的临床案例中仍然有三十多岁的成人，因为多动症影响社会功能而来到咨询室。

成年期多动表现为分心、坐立不安，与同事、朋友的关系难以长久相处，酗酒、易发脾气、冲动、常与人争斗，违法犯罪的比例明显高于普通人群，等等。

从上面的描述可以看出，儿童多动症起病于3—7岁；在学龄期真正被诊断为多动症的儿童仅占学龄儿童总数的3%—5%；这其中约一半患儿的症状会在青春期到来之前消失，另一半会持续到青春期。

断定孩子患多动症，我们还需要注意：多动症的症状必须在7岁前持续至少6个月以上，在各个场合都很明显，而且比在同龄同性别孩子身上的表现更加明显。多动症孩子注意力分散现象非常严重，只有在成人的严格要求下和不断督促中，他们才能稍加注意进行各项活动。

在学校里面，好动幼儿的不听话一般在程度上不严重，而且经过教师的批评和管教后，就能取得良好的效果。而多动症幼儿一般都具有严重的注意力问题，老师的一般说教和管束不起作用。多动症幼儿的注意力问题具有跨场合的一致性。由于多动症源于内在，所以，无论是在户外活动中还是在课堂，他们总是有注意力困难，他们的冲动和多动是不可抑制的、盲目的，像是一种与生俱来的行为。多动症孩子有时候还同时具有知觉、语言或阅读方面的落后，尤其是在学习和听课时注意力难以集中，所以他们在成绩上往往落后于其他人。而好动的孩子一般还伴有学习能力障碍和注意力本身的问题。

当父母无法判断孩子究竟是不是多动症，建议到儿童医院找专家进行判断，好进行下一步的治疗。

（三）多动孩子的心理小建议

多动症的发病原因到现在尚不清楚。目前，西医倾向于认为与遗传因素、脑神经递质代谢、轻微脑组织损伤、环境因素、心理因素、社会因素等有关；中医则认为属于先天禀赋不足、后天失养所致。

大部分多动症儿童是通过药物＋心理联合治疗的。除此之外，还有采用集体治疗、对父母进行教育以及训练孩子专注力等一些方法，如果再加上学校老师的理解和针对教育，这些方法就能够起到很好的效果。但实际上老师的精力是有限的，心理咨询师一周也只能见一两次，且费用不菲，所以家庭的配合训练才是最主要的方式。

在学校方面，针对幼儿多动症严重的特殊情况，爸爸妈妈可以争取建立一个帮扶团队，请学校的心理老师定期和孩子交流，可以对孩子进行一些艺术类治疗，比如沙盘游戏、音乐治疗或者绘画治疗。多动症严重的孩子对普通的教育手段不敏感，对此需要我们有一定的心理准备，对孩子的多动行为尽量忽视，对他们一些异常行为尽量包容，切忌采取粗暴的态度，否则可能会引发孩子更大的心理问题。总之，我们要给孩子提供良好的支持性环境，让他学会解决人际冲突，避免与其他孩子发生冲突。同时，也要鼓励班级其他幼儿多与其交朋友，让多动症孩子在学校感到愉快和温暖。

另外，可以建议老师合理安排多动症孩子的座位。安排多动症孩子的座位也是有讲究的，如果发现多动症孩子总是东张西望，寻找噪声来源，那他可能是听觉更易受干扰，这种情况下建议老师让孩子坐在教室的后边反而比较好。如果孩子更容易受视觉干扰，可以建议老师将他安排在讲台附近，并且比较效果后再做定夺。一般情况下，多跟老师沟通，可以把多动症孩子的座位安排在干扰较少、靠近老师方便监管、鼓励的地方，或跟一个注意力集中的孩子坐同桌。

除此以外，若自己的孩子患有多动症，爸爸妈妈可以遵循以下原则对孩子进行监督：

斥责孩子不好的行为时，只给予简单明了的提示；但当他遵守指示时，一定不要忘记给予奖励。若孩子不能遵守指示，不要责怪他，因为是他的能力还达不到，如果一味斥责会对孩子形成负面强化。

在给多动孩子建立规则时，必须考虑孩子发展的特点。例如，孩子无法控制自己触摸东西的冲动。因此，应该将容易碎的东西移走，放到孩子够不着的地方，而不是要求孩子不要去摸它。

避免不必要的规矩。建议用倒数的方式让他了解不可以做的事，并做父母要求的事。例如，可以告诉他："现在来整理你的房间，5、4、3、2、1，开始！"

安排外出以消耗孩子过多的能量，户外运动是很好的消耗冗余精力的方式。

保持家中良好的组织性，居家的习惯可帮助孩子接受秩序。孩子需要大人作为控制和安静的模范。大人必须要用一个友好的声调来训练他，若家长大吼大叫，孩子马上就会学起来。

不要把所有的责任都归于老师身上，爸爸妈妈应该起主导作用，不要由于困难而放弃，不要对孩子失去信心，认为孩子无可救药了，我们要让孩子感到在家里是被爱和被接受的。在某些情况下，药物是有效的，可以适当借助，但是服用方法要遵医嘱。

（四）如何培养孩子的注意力

比起多动，日常生活中孩子的注意力容易分散可能才是更让爸爸妈妈头疼的问题。许多爸爸妈妈担心自己的孩子"注意力不集中"，有时甚至过于担心，其实爸爸妈妈正视孩子的注意力问题是好事情，但是首先需要了解不同年龄的孩子注意力到底能维持多长时间，这样才能更好地解决孩子注意力不集中的问题。

幼儿注意力集中的时间一般都不长，具体为：3岁左右，不超过5分钟；4—5岁，不超过10分钟；6岁左右，不超过15分钟。掌握了这个标准，如果自己的孩子在标准之内，我们不必过分担心。

如果孩子真的存在注意力水平太低的情况，父母要了解孩子注意力受哪些因素影响，哪些方面存在问题，如何应对以提高幼儿注意力水平。

幼儿注意力的形成和水平与先天的遗传等生理条件有一定关系。比如视觉感不良的幼儿，对看图、看书缺乏兴趣，容易疲劳，模仿极其简单的线条图画也有困难。再如，幼儿身体不舒服，或者因为睡眠不足、活动量过大而疲劳，也会精力不足，注意力分散。

但是，后天的环境与教育对幼儿注意力的影响更为重要。父母可以观察孩子的生活、学习环境，反思自己的教育方式，从中发现问题并进行改善。

1.创造不被打扰的环境

孩子以无意注意为主，一切新奇多变的事物都能吸引他们，干扰他们正在进行的活动。如果家里总有人进进出出，聊天、聚会不断，喧闹嘈杂，孩子的注意力就难以集中。而生活环境过于封闭，将孩子局限在一个狭小的空间里，孩子就没有同龄伙伴，没有模仿对象，对爸爸妈妈的依赖性特别强。这两种环境都会使孩子的感觉系统不能得到很好的锻炼和发展，影响注意力的集中。

所以，为孩子创造一个井然有序、安静舒适的成长环境是很有必要的。比如：孩子在安静地游戏、看故事书、画画的时候，父母小声说话，不看电视或者把电视的声音调小；也不必把孩子的房间布置得五颜六色，堆满各种玩具，房间布置得舒适、温馨就好。

2.不干扰孩子完成任务

在训练孩子爬行的时候，成人喜欢用一个玩具或者伸开双手的手势引诱孩子爬向那个方位，但是这个时候，当家中的另一个人敲击发出声音，想逗逗孩子，看孩子究竟爬向哪一边，孩子的注意力就会被突然打断分散，而且在大脑中产生冲突。

当孩子大一些，爸爸妈妈的教养方式不当，对孩子过分娇宠和纵容，一味顺着孩子，孩子想做什么就做什么，加剧了孩子注意力的分散。

有些爸妈对同一件事情或某一点要求总要反复交代，久而久之，孩子便习惯于一件事要反复地听好多遍才能记住。这样的孩子入学以后，听课会漫不经心，以为老师也会像爸爸妈妈那样重复地讲。

一次性给孩子提出多重要求，或者刻意干预孩子的活动，这也容易使宝宝的注意力难以集中。

3.让孩子做自己感兴趣的事

爸妈经常要求孩子做不感兴趣的事情，孩子也会通过不断变换活动来回避问题、逃避责骂。这种情绪和行为给父母造成的感觉就是孩子注意力不集中。其实，兴趣对于培养幼儿的注意力非常重要。

4.不提供过多种类的玩具，分散孩子注意力

一位妈妈说："我的宝宝现在7个月大了。我发现他玩起玩具来没什么耐性，一大堆玩具都是左扔一个右扔一个，不能专注地玩一个玩具。怎样才能让他专心地玩玩具呢？那些可是我精心挑选的玩具啊，价格还很高呢。"

一次提供过多的玩具或图书，把孩子"埋"在玩具堆、书堆中，父母如不加以指导，由于选择性太多，孩子一般都会在玩这件玩具的同时惦记着那件玩具，不断地换玩具，或者一本书接着一本书地乱翻，最后眼花缭乱，无法静下心来，分散了注意力，久而久之容易形成浮躁、注意力涣散的性格。

对于玩具，爸爸妈妈应该掌握一些原则：一次只给孩子一两件玩具，每次可以提供不同类型的玩具以提高孩子的新鲜感，如积木有木头的、塑料的、泡沫的，只取一种材质就好；新买的，最好不要一次全部拿给孩子，可以一次拿一件，不要让他看见一件又惦记另外一件。

如果有时间，爸爸妈妈应该陪孩子一起玩儿。当孩子的注意力非常集中时，我们在一旁陪伴就好；当孩子发生困难，应给予适当帮助。一般在解决问题后，孩子会更加兴致勃勃地玩同一个玩具，这样就可以强化注意力的持续时间。

另外，爸爸妈妈不能光买玩具，还要让孩子学会打理玩具。可以把玩具适当分类，有些玩具暂时收藏起来，过一段时间再拿出来，这样孩子会对"藏"了一段时间的玩具有新鲜感，能专心地玩儿。

5. 活动难度适中

经常可以看见这样的情景：如果孩子自己选择了一样玩具，表明他喜欢这件玩具，但玩不了两下，就不玩了。这可能是因为太难了，孩子玩不了，或者是因为太简单了，孩子觉得没新意。这时父母可以试着介入，引导孩子继续玩下去。玩具太难了，降低一下难度，力求让孩子跳一跳能够得着；玩具太简单，就变换一下玩法，让孩子喜欢上它。

例如，两岁孩子开始用塑料安全剪刀来剪纸条时，还不能独自完成，试了几下就想放弃。这时，旁边的父母可以用两只手展开纸条，让孩子来剪，这样孩子从原来一手拿纸条一手拿剪刀的双手配合到只需要拿剪刀剪，动作难度降低了，这样就能剪了，而且会越剪越好，自信心也越来越强。

任何超出孩子能力范围的事情都会令他很快放弃，转而去关注其他东西。一位父亲给两岁的儿子买了一个电动小汽车，儿子在上面玩了一会儿就再也不玩了。对于这个小男孩来说，把脚放到踏板上并发动引擎太难了。所以，即使玩具说明书上说这款玩具适合所有学龄前儿童，父母最好也要根据实际情况来判断是否适合自己的孩子。

6.创造灵活的游戏方式

方法单一、乏味、不灵活，也会使孩子不能集中注意力。直观的、活动的、新颖的，如多媒体、外出参观、参与表演、游戏等生动活泼、形象具体的途径和方法，才能吸引孩子的注意。比如，讲故事时可以结合美丽的图片、优美的音乐、好玩的游戏和角色表演。

积极的智力活动和实际的操作活动有利于保持注意力，因而能增强注意力的目的性，变被动为主动。比如，画画时可以到院子里去观察，也可以欣赏别人的作品。

动静结合能预防长时间从事单一活动容易引起的疲劳。小孩子不可能老坐着玩儿。让孩子玩一会儿拼图，然后起来和妈妈一起到外面跑跑跳跳，一会儿回来再做其他静态活动。这样的动静结合，可以延长每个活动的注意时间，培养注意力。另外，通过安静的活动可以训练孩子的注意力。比如做手工或画画时，要求孩子保持安静，不能说话，不能走动，这样可以逐渐提高孩子的自控能力。

五、痴迷看书的孩子
——抓住孩子的阅读敏感期

（一）抓住孩子的阅读敏感期

最近，悦悦的妈妈发现上中班的悦悦特别喜欢翻书，不管是幼儿园的绘本还是家里爸爸妈妈的书，都想去翻一翻，无论能不能看懂，都一本正经地看，能看懂的会反复看，看不懂的也假装看；还会翻出过去读过的绘本指着书上的字跟着读，尽管有些字悦悦不认识，她也可以瞎编读音，好像自己非常厉害。妈妈这时候有意识地在每个周末带悦悦去书店，悦悦非常开心，坐在书店的地上抱着书就不松手。晚上回家总嚷着让妈妈讲故事，有时候甚至会编故事给大人听。看着悦悦爱读书的样子，妈妈打心眼里欢喜。

童童1岁多的时候，妈妈就开始陪他阅读，3岁的时候阅读就成为生活中的日常，童童很快就能从阅读绘本到阅读文字更多图片更少的童话。每天晚餐后就央求妈妈和他一起读书，几乎每天读到10点才肯睡觉。有时妈妈都困了，他还兴致勃勃地嚷着要再读一本。壮壮虽然比童童大1岁，但他阅读开始的时间比较晚，差不多6岁才开始。目前来看，壮壮的阅读热情不高，虽然有书也能阅读，但是主动阅读的积极性较低。

苏联著名教育家苏霍姆林斯基曾说过："孩子的阅读开始越早，阅读时思维过程越复杂，对智力发展就越有益。7岁前学会阅读，就会练成一种很重要的技能：边读边思考边领会。"一些研究者也指出，缺乏良好的早期阅读经验的儿童入学后会有学习适应上的困难，如缺乏阅读兴趣、阅读理解能力差等。

因此，加强早期阅读对孩子进行语言教育非常重要。尽管在学前阶段，儿童并不需要具备真正意义上的阅读和书写能力，但对于培养幼儿对生活中常见的简单标记和文字符号的兴趣是非常必要的，家长们可以利用图书、绘画和其他多种方式，引发孩子对书籍、阅读和书写的兴趣，培养孩子前阅读和书写技能。

在以上的案例中，悦悦的妈妈可能不一定知道，悦悦的种种表现说明悦悦已经进入了阅读敏感期。而童童之所以比壮壮对阅读更感兴趣，则是家长很好地利用了阅读敏感期培养孩子的阅读兴趣。敏感期是儿童各种能力成长的关键期，抓住了敏感期，会对孩子在未来的学习和生活奠定坚实的基础，起到事半功倍的效果。

阅读敏感期一般是在孩子四岁半到五岁半时，有些智力较好的孩子会提前，只要智力正常，一般不会超过6岁。6岁后的阅读相比于6岁前，孩子更难养成兴趣习惯，所以6岁前也称为儿童阅读的黄金期。其次，14岁前还有一次弥补机会，被称为儿童阅读的白银阶段，这个时期一旦错过，孩子的自我阅读意识就会弱很多了。美国著名生理学家玛莉安·伍尔夫通过研究儿童阅读时的大脑变化发现，儿童阅读是左右大脑两个区域一起运行的，而错过了这个时期，学习语言的能力开始退化，我们成年人在阅读时，往往只有一个大脑半球在工作。

（二）培养阅读习惯的心理小建议

既然在阅读敏感期不对孩子进行阅读训练，会让以后阅读训练效果大打折扣，那么就需要爸爸妈妈抓住幼儿阅读的敏感期，积极培养孩子的阅读兴趣，引发幼儿对书籍、阅读和书写的兴趣，培养前阅读和书写技能。

1. 图文并茂，为孩子选择适当的图书

培养孩子的阅读兴趣和技能，必须有适当的、有吸引力的图画书做保证。虽然阅读是以书面语言为对象的，但幼儿的思维以具体形象为主要特征，主要是从感观上了解事物，尚未具备阅读文字材料的条件。因此，早期阅读大多是通过图画故事进行的，图文并茂的图画书是最好的选择。

选择图书也是有诀窍的，爸爸妈妈对图画书的选择要注意以下两方面内容：

适合孩子看。图书的页面要鲜艳美丽，内容要简单具体、生动有趣，以引起幼儿的兴趣；文字要优美简练通俗，以利于孩子的理解；字体要适中，不要太小，方便孩子们认字。对3岁前的幼儿，适合选择画面较大、内容单一、色彩与实物相似的图画书和背景简单的画册。选择有简单情节的图画书时，开始情节不一定很连贯，以后再逐渐增加情节连贯性的作品和语言朗朗上口、简短而有重复句的儿歌。图画书的开本要大，纸要厚。对3岁以后的幼儿，可逐渐增加图文并茂、情节连贯曲折的作品。

阅读内容要能引起孩子的兴趣。选择图书可以考虑如绘本、儿歌童谣类、童话故事类、自然科学类、美工操作类、智力开发类等。孩子通过各种不同类型图书的阅读，从中获得多方面的收获，提升阅读的兴趣，形成阅读的良性循环。图书的主题可以多种多样，从儿童生活到科学知识，从环境问题到生命教育，可以

是关于友情的、亲情的，也可以是关于勇敢精神的、生命尊严的、自然环境的，可以涵盖孩子生活、成长的各个方面，多样化的题材可以帮助孩子获得多元的知识与多元的情感经验。

爸爸妈妈一定要使用好绘本，绘本构图巧妙、色彩优美，对于孩子无疑具有莫大的吸引力。其中富含节奏韵律感、幽默诙谐、拟人夸张的文字也符合幼儿语言的年龄特点，与孩子生活经验密切相关的故事情节能够引起儿童的情感共鸣。因此，绘本受到了绝大多数孩子的欢迎和喜爱。父母可以将绘本广泛应用到孩子的早期阅读教育中，培养孩子阅读的兴趣，将为以后的阅读打下良好的基础。

2.激发孩子兴趣，引导孩子去阅读

来看看两位妈妈关于引导孩子阅读的自述：

自述一

记得刚陪我女儿阅读时，住在娘家。我父母喜欢看电视，一般晚饭过后，他们就打开电视。当时，为了培养我女儿的阅读习惯，我每天晚上都早早地抱着她到房间看书。后来我们搬到学校宿舍住，我故意不买电视也不带电脑。每天晚上睡觉前，我都会耐心地陪她阅读。结果，她的阅读量突飞猛进，阅读时间也越来越长。

自述二

儿子从小就非常爱看书，有时看得都忘记吃饭。其实我也没有怎么刻意去陪儿子读过书，只是我自己很爱看书，一有空就静

下心来读书。儿子小的时候，模仿性很强，看我在读书，自己也拿起书来有模有样地看起来，久而久之就养成了读书的习惯。

显然，这两位妈妈非常懂得给孩子创造一个良好的阅读环境。阅读的环境对阅读习惯的养成起着非常重要的作用。幼儿的注意力容易受到干扰，而且他们很难抑制与任务无关的思维活动。因此，爸爸妈妈们最好不要经常看电视或在孩子面前使用手机，营造安静的环境陪孩子一起阅读是最好的投资。

孩子刚开始看书时，往往带有很大的盲目性、随意性和依赖性，经常把书当作玩具，随意翻翻就放下了，或者前看一页后看一页。因此家长要给予正确引导。如果父母刻意让孩子选哪一本、看哪一页，他会不乐意，产生抵触心理，甚至会生气。因此开始时不要强迫孩子，孩子爱看哪本、爱看哪一页，就陪着他看，然后在此过程中巧妙地引导孩子。

比如，当孩子哗哗地把一本书翻完后，父母可以很高兴地夸他："宝宝真厉害！一会儿就看完了这本书。这本书看起来很有意思，你来一页一页讲给妈妈听，好吗？"孩子可能就会翻开书从第一页开始讲。如果他能讲出来图片的内容，就再夸他，并邀请他和自己一起读图片下面的文字。如果碰到孩子不懂的内容就鼓励他："没关系！妈妈也不知道画的是什么，但是来读读这些文字就知道了。"按照类似的方法耐心引导孩子有兴趣地一页接一页往下读。如果类似的方法有效，就可以重复使用，慢慢就能培养孩子的阅读兴趣。

另外，设置悬念也能很好地带领孩子走进书的世界。比如，在看一本书之前，父母可以根据书的内容向孩子抛出一个问题，或是先大概讲一下故事的开头以吊起孩子的胃口，引起幼儿的好奇心。当孩子很想知道答案或结果时，就可以引导孩子来看书。在看书的过程中，适当停顿一下，让孩子猜猜接下来要发生什么事情。孩子带着悬念来读故事，自然会一直读下去，爱不释手。

3. 提高参与感，为孩子大声朗读

对着孩子大声朗读，是帮助孩子成为读书爱好者最有效的办法。听读是引导孩子阅读的有声广告。因此，每天安排一定的时间大声朗读，对于激发幼儿阅读兴趣是非常重要的，孩子年龄越小，听读所起的作用越大。

爸爸妈妈可以每天利用一个相对固定的时间为孩子朗读故事。朗读时，不用完全一字一句照搬书中的文字，可根据故事适当增添一些象声词或形容词，这些词语可以使故事听起来更生动。

在朗读时，需要吐字清晰。为了增强现场效果，加深孩子的理解，爸爸妈妈还可以运用稍微夸张的表情和肢体动作，带有一定的表演性质效果更好。语调要抑扬顿挫，具有感染力。有时还需改变自己的声调，或高昂或低沉，或快乐或悲伤，来扮演人物的对话。朗读的速度不宜过快，放慢速度，让孩子仔细观看图画的内容，也能让孩子将听到的内容在脑海中勾勒出图像。要根据故事情节来调整节奏，比如在悬疑时语速慢下来，声音低下来，可使孩子全神贯注地倾听。

4. 手脑并用，将阅读与识字结合起来

成人的阅读程序是先识字后读书，而根据幼儿的年龄特点，

爸爸妈妈应该采用先读书后识字的方法。孩子的阅读量有一定积累后，在阅读过程中，我们可以教孩子手指着字、眼看着字、嘴里念着字、脑子记着字，即逐字指读。

在选择逐字阅读的材料时，要选一些熟悉的故事或诗歌，尽量选熟字较多的篇幅进行，这有助于提高孩子的自信心，提起他们的兴趣。

开始的时候，孩子往往完不成手、眼、耳的协调运作，经常会指错说错。这就需要我们帮助孩子完成有节奏的指字训练，让孩子掌握一定的指字速度和节奏，区分文字和标点符号。有标点符号的应该语气停顿，但是手不用去点标点符号，应该直接去找下一个字。在每行字末，提醒孩子换到下一行，比如可以用生动的语言告诉孩子"拐弯请注意"。

通过逐字多次阅读，能让孩子记住、认得学过的字，而且还能联系上下文学会新字。这种方法对提高幼儿的认字能力是非常有效的，孩子在不知不觉中增加了识字量，而识字量大的孩子进入小学后不管对于语文还是数学的学习都会比识字量小的孩子占有优势，从而更有自信。

在指导孩子阅读时，还可以开展一些生动有趣的识字活动，用有趣的指导语，引导幼儿认字。比如对于象形字或会意字，如"尖""雨""闪"等，指导语可以是：上小下大就是"尖"；雨点落到窗户上就是"雨"；门里有个人影一"闪"。再配上相应的文字图饰，也可以借助识字卡片，孩子一看就能记住，形象、生动、有趣，识得快，记得牢。

还有，小朋友天生喜欢猜谜语，爸爸妈妈可以根据孩子爱猜谜的特点，将汉字编成浅显易懂、生动有趣的儿歌谜语，让孩子在有趣的猜谜活动中学习汉字。如教"李"字时，编出谜语："十字头，八字腰，儿子下面站得牢。"这不仅增强了幼儿的识字兴趣，还培养了幼儿的思维、想象能力，趣味无穷。

　　建议给孩子识的字最好和孩子熟悉的事物联系起来。例如在讲小兔子的故事时，可以指着书上的"兔"字，说："这就是小兔子的'兔'字。"孩子不仅认得了这个字，甚至有可能会问更多的字："小狗的'狗'字呢？小羊的'羊'字呢？小猪的'猪'字呢？"这就给爸爸妈妈提供了教孩子识字的好机会。孩子对识字产生兴趣以后，在散步、逛公园、上街时，也可以把看到的事物写出来给他看。在这种带有游戏性质的活动中，孩子不知不觉就学会了很多字。除此以外，爸爸妈妈还可以通过看图识字、看图找字、看实物找字等游戏来巩固所学过的字。

重要提醒

01

记忆有方法、有规律，根据孩子年龄，培养孩子的无意记忆和有意记忆。

02

用鲜明的材料、游戏、形象、比喻和多感官的刺激辅助记忆。

03

不打断孩子的注意力，慎对多动下定论。

04

抓住孩子阅读敏感期，为孩子挑选绘本，激发阅读兴趣。

第 **6** 章

孩子常见的偏差行为

重要的不是发现了孩子的问题，而是发现问题背后的原因，所以纠正孩子前，请父母先内省。

　　良好的行为习惯对于一个人来说是极重要的，幼儿期是人的一生身心发展，尤其是大脑结构与机能发展最为旺盛的时候，更是良好生活习惯形成的关键。良好的习惯关乎孩子今后潜能的发展，为积极性格的塑造奠定基础。3岁以前养成良好的习惯，也为孩子将来进入幼儿园适应各种规则做好铺垫与准备。所以爸爸妈妈要在孩子婴幼儿时期努力培养孩子良好的行为习惯，为以后的社会化和孩子人格的健康成长打下基础。

一、好习惯的养成

　　0—6岁的孩子正处于人生的初始阶段，一切都要学习，一切都在学习，自身可塑性强，但是自控能力较差，所以这段时期是养成良好行为习惯的关键时期。这段时期的孩子模仿能力也很强，所以又是沾染不良行为习惯的危险期，如果不适时培养良好的行为习惯，便会错失良机，养成不良行为习惯。长此以往，如果不好的行为习惯成自然，会给将来的发展带来难以弥补的缺憾。

　　著名教育家叶圣陶先生曾说过："什么是教育？简单一句话，就是要养成习惯。"我曾经请教过多位小学优秀班主任，问他们培养优秀的小学生的关键有哪些，老师们无一例外地回复——习惯的养成。这个答案估计在父母预料之中，但老师们还会补充：良好的学习习惯的养成首先是良好的行为习惯的养成，这个良好的行为习惯用一句非常通俗的话来说就是"会收拾"。"会收拾"的意思是会整理自己的文具、书包和书桌，在家能整理自己的抽屉和房间，养成"会收拾"的习惯，外在井井有条反映出的是孩子内在的井井有条。

（一）好习惯的培养阶段

幼儿阶段和小学阶段是习惯养成的塑造阶段，如果孩子已经到了青春期就变成了行为的改造或者矫正阶段。塑造阶段相对容易，但是坏习惯一旦养成要重新矫正，所耗费的时间、精力和成本都很巨大且效果不佳。所以，习惯的养成和塑造在幼儿阶段持续到小学阶段都非常重要，但是它并不是一朝一夕的事，而一旦养成了坏习惯，就会使孩子受害终生；相反，养成了一个良好的习惯，到了中学阶段就已经形成了自动化的好习惯，父母再也不用为此操心，会使孩子受益终生。

有一位诺贝尔奖获得者是这样说的："我在幼儿园、小学，学会了把自己的东西分一半给小伙伴；不是自己的东西不能拿；用过的东西要摆放整齐；吃饭前后要洗手；不随地扔果皮、纸屑；做错了事要向对方表示自己的歉意；听课要专心，作业认真做；仔细观察周围的大自然，爱护一草一木；尊重他人……"谁也没有料想到，在我们平时看起来最平常的行为习惯，却成就了这位科学家最辉煌的事业，这位诺贝尔奖获得者的一席话其实道出了日常行为习惯对人生的重要影响！

有这样一个比喻，不良习惯是孩子一生的债务，我深以为然。因为一个人的习惯是长期养成的，重复的时间长了就逐渐成为一个人的自动化程序，人一旦养成一个坏习惯，就会不自觉地在这个轨道上反复运行，一个人的整体素质状况和综合修养水平也会在行为习惯中暴露无遗，这是给人第一印象的关键。孩子的坏习惯一旦养成，就会长久持续下去，给学习生活带来极大的影响。

例如孩子天性好动，如果爸爸妈妈没有把"增加专注"这一条列入教育重点，仅仅把孩子出现精力分散马虎的现象当成所有孩子都有的通病，就不会对自己的孩子提出特别要求。当孩子进入学习状态，但是他边写作业边玩橡皮擦，或者各种小动作不断，未来他就不可能进入更专注的学习，当学习任务加重他就效率低下，甚至无法适应。此时，"小毛病"的弊端还显现得不厉害，等到了高年级阶段，或者是面对具有一定难度的挑战时，他们在学习习惯方面的差异便足以左右学习成绩。那些考试排名总是靠前的学生一定不是点灯熬夜磨出来的，而是靠好的学习方法和习惯自然而然形成的。

（二）孩子行为习惯培养的误区

1.孩子行为习惯可自然形成

只重视技能的学习与加强，忽视孩子行为习惯的培养，是家庭教育和学校教育共同存在的误区。

在家庭教育方面，有的爸爸妈妈特别重视对孩子的智力开发、知识教育，从胎教到一两岁就教幼儿识字，再到各种兴趣班如唱歌、学琴、画画等，爸妈对幼儿的技能培训投资是巨大的，然而却容易轻视对孩子行为习惯的培养。很多爸爸妈妈尤其是爷爷奶奶有"树大自然直"的教育误区，他们认为孩子年龄小，不用着急，孩子行为习惯现在一时半会教不会没关系，长大了自然就会了。其实，这种做法剥夺了孩子早期获得良好行为习惯的机会，使孩子事事依赖他人，自然而然地形成事事以自我为中心，容易养成别人都应当为我服务的自私自利的性格，这对孩子成长是非常有害的。

而幼儿园教育方面，老师虽然知道幼儿行为习惯培养的重要性，但是在实际工作中幼儿园小朋友太多，上课时要关注小朋友们的安全、卫生等各方面的具体事务，加之很多老师也往往把幼儿智力和能力的培养作为教学的重点，因为这样在家长面前比较有成果，所以针对幼儿行为习惯培养的活动设计比较少，关注点也不够，这就需要我们在家庭教育中多加关注和培养。

2.培养行为习惯为时尚早

这个误区是由于家长对孩子的溺爱以及他们对孩子行为习惯的不信任。现在大多数孩子入学前主要由爷爷奶奶、外公外婆带，爸爸妈妈们白天忙于工作，只有晚上下班了才稍微有些时间；"隔代亲"现象相当普遍，尤其是退休后的老人对第三代更加宠爱，他们不忍心让孩子干这干那，怕累了怕伤了。另外，爸爸妈妈平时工作繁忙，和孩子在一起的时间不多，有的父母对孩子还心存愧疚，当自己好不容易空出时间照料孩子，则会催生出样样事情包办代替的冲动。

正是在这种溺爱包办思想的影响下，当孩子们主动要求自己动手时，爸爸妈妈、爷爷奶奶要么觉得心疼，要么觉得不舍，产生了众多的"担心"和"心疼"的感受，久而久之把孩子动手的愿望和机会剥夺了，使孩子一旦离开了父母、长辈，自己就不知所措。

3.培养幼儿行为习惯急于求成

有些爸爸妈妈从内心来说也想培养孩子良好的行为习惯，但是到头来往往效果不佳。其主要原因就是训练方法过于简单、粗暴，而在训练时也没有耐心，挫伤了孩子的自尊心和学习的积极性。孩子刚开始做时，往往做得很慢或者不够好，有时甚至"闯祸"，这是正需要爸爸妈妈的支持和鼓励，帮助提高，使孩子体验到独立完成一件事情获得快乐的时候。但是父母缺乏耐心，甚至觉得麻烦，不如自己几下子就全部做了，这样的做法貌似在给孩子帮忙，实际上打击的是孩子做事的信心，强化了孩子"我什么都做不好"的无能感，久而久之孩子的自信心也毁灭了。

（三）孩子良好的行为习惯有哪些

孩子良好的行为习惯的内容是非常广泛的，包括品德习惯、生活习惯、卫生习惯以及学习习惯，进入小学就要再加上思维习惯，思维习惯在《一看就懂的育儿心理学（小学阶段）》中有更详细的说明。

良好的品德习惯。包括：文明礼貌、友爱同伴、爱集体、守纪律、爱劳动、诚实勇敢。文明礼貌就是要求孩子在日常生活中尊敬长辈、老师，见人有礼貌地称呼，会说"请、谢谢"等礼貌用语；不打扰他人的谈话，不随便翻弄别人的东西，经父母同意才接受他人的物品，并致谢。友爱同伴要求孩子与同伴友好相处，懂得关心他人、谦让他人，会合作，乐意分享与帮助别人。

爱集体主要表现在遵守集体规则，而爱劳动具体是愿意在父母的帮助下做力所能及的事。

良好的生活习惯。主要包括：良好的饮食饮水习惯、睡眠习惯、排便习惯、收纳习惯。

良好的卫生习惯。主要包括：能正确洗手，保持身体的清洁；正确使用手帕，保持环境整洁。

良好的学习习惯。主要包括：有好奇心，喜欢学习，对学习活动有兴趣，能集中注意力专注于某一项活动；有正确的读、写、坐的姿势；会按照一定要求去翻阅图书，能爱护图书文具，会整理这些用品。

（四）如何培养孩子良好的行为习惯

教育就是培养好习惯的途径，这种好习惯的培养始于爸爸妈妈，养成则始于家庭。当然还需要幼儿园老师的充分引导与配合，最后在日常生活的一切活动中加以巩固才能养成。

爸爸妈妈可以从以下几个方面培养孩子良好的习惯：

1.准时、守时、不迟到

从表面上看，守时是一种行为，实质上守时是一种品德，要求宝宝守时其实就等于守信。守时，可让自己的生活变得井然有序，有条不紊，而拖拉则会给我们造成很多困扰。如果孩子养成拖拉的习惯不仅影响着他们现在的生活，更会影响他们以后的学习。

小时候的鲁迅先生就养成了守时的好习惯。他小时候曾在自己的书桌上刻了一个"早"字来时时提醒自己，他要求自己抓紧时间，时时刻刻地叮嘱自己凡事都要早做。他这样长时间地坚持下去，就形成了习惯。

我们要让孩子意识到时间的重要性。爸爸妈妈可以在明显的位置挂上一个孩子易懂的钟表，旁边对应相应的安排表，让孩子们从小就意识到时间、日程的重要性。在日常手工活动时，爸爸妈妈还可以让孩子们有意识地感知时间，比如和孩子一起做纸手表、纸盘DIY时钟，一起画一些放在钟表上的小项目，协助孩子在上面记录每天的主要活动都花了多少时间。这样孩子就能直观地看到哪些事情花的时间长、哪些短，从而意识到时间的重要性。

2.将时间观念渗透在日常点滴中

爸爸妈妈可以根据实际情况，给宝宝制订相对固定的幼儿园上学时间安排。

起床：8:00

洗漱：8:10—8:20

出门：8:30

到校：9:00

放学：16:00

玩耍：16:30—17:30

晚餐：17:40—18:00

阅读：18:10—18:30

锻炼：18:40—19:30

画画：19:40—20:30

洗漱：20:40

睡觉：20:50

每天会有10分钟的自行整理时间（如准备明天上学用的书和工具、自己脱衣服等）。

3.明确奖惩，让孩子体验一下不守时的后果

孩子因为年龄小，大脑额叶区域发育不成熟，所以好动、难以控制行为，注意力很容易转移，出现效率低而不守时。随着孩子慢慢长大，额叶逐步发育，自我意识也会不断发展，他们更加乐于做自己感兴趣的事情，这个时候就很可能因为玩得高兴而忘记时间。生活中，爸爸妈妈可以告诉孩子，假如没有时间观念，不遵守约定时间，那么就可能会出现一些问题，并给他一一列举出来，让他意识到这么做的后果。甚至可以明确一些奖惩措施，守时进行奖励，相反则给一些小小的惩罚。还可以尝试让孩子自己去体验守时与不守时的不同结果，这样一来不仅能够让孩子形成良好的时间观念，还能培养他们的自主意识。

4.以身作则，为孩子树立榜样

在家庭生活中，爸爸妈妈是孩子模仿的对象，假如爸爸妈妈能够有规律地生活，能够遵守约定的时间，并且在生活中给孩子讲述守时的重要意义，那么爸爸妈妈的言语和行为就会潜移默化地影响孩子。家庭生活中，爸爸妈妈不仅要告诉孩子怎么守时，还要用自己的行动做给孩子看。假如爸爸妈妈答应了孩子什么时候做什么事情，那么就要遵守这个时间约定；假如没有在约定的时间做到，就要及时向孩子认错，并请求孩子的谅解。绝对不能自己做事拖拉，答应的事情做不到就找各种借口，这样孩子一定会模仿你的不良行为。

5.适当让孩子参与管理时间，学会预算时间

在生活中可以让孩子参与到一日流程的制订中，让孩子有意识地了解自己每天生活的流程，什么时间该做什么事，逐渐在心中形成观念。开辟一块地方，把每天的日程挂起来：对于还不识字的孩子，可以用图片表示出来，什么时候喝水、学习、运动、听故事、整理玩具，一目了然。

6.使用行为心理学的代币制来强化孩子良好的行为习惯

比如设计一些和时间管理有关的表格，只要按时完成，就让他自己在相应的地方贴个贴图或者打一个五角星，这样，他们就会有很强的参与感和成就感，从而更有动力完成后面的任务。同时还可以和孩子商议，如果本周任务全部按时完成将给予奖励，奖励可以是物质，也可以是延长阅读时间或奖状等精神奖励，但是一定要和孩子共同商议，而不是父母指定。如果第一周的奖品孩子能等到第二周一起兑换，则可以给孩子增加等待奖，以此类推。这样不仅让孩子养成了时间管理的好习惯，还培养了孩子延迟满足的能力。奖品的设置一定是孩子感兴趣的，从低到高的。（表格参见211页）

学会用这种方法，让孩子在潜移默化中形成时间观念。另外，我们还可以让孩子参与某一天时间行程的安排，比如周末要去动物园玩，那么几点起床、几点出门、玩多长时间都可以让孩子来决定。慢慢下来，孩子就会对做每件事应该预算多少时间有了个大致认识。其实很多时候我们迟到，就是因为不会准确预算时间。学会预算时间，是孩子以后合理规划日程的基础。

7. 做错事要道歉

道歉是一门学问。当我们懊悔做错了事情，并希望得到对方的宽恕时，道歉能使我们无法释怀的心情得以放松。因此，当做错一件事情时，无论事情的大小，我们都需要向他人表达歉意。现实生活中，很多成人也会习惯性否认自己已经做错事的行为，从而影响个人的社会交往。生活中，我们需要在孩子幼儿阶段就引导他们学会道歉，还要掌握正确的道歉方式。

8. 让孩子明白是非观念

孩子不会道歉，很大程度上是因为不懂得是非观念，不知道什么是对什么是错。爸爸妈妈遇到孩子不对时，应耐心告诉孩子为什么错了，错在哪里，需要如何做才正确。当孩子意识到自己的行为是错误的，道歉就显得顺理成章。但孩子有可能因为害怕承担后果而不敢承认错误，爸爸妈妈应鼓励孩子知错就改，给予孩子安全感，避免对认错产生畏惧感。还有的孩子犯了错，害怕受到惩罚，总是寻找各种谎言来逃避责任，爸爸妈妈一定要及时纠正这种行为，让孩子明白说谎是一种恶劣的行为，告诉他们说谎比犯错误更让人不可原谅。

9. 合理处理孩子和其他小朋友的矛盾

如果自家孩子与其他小朋友发生了矛盾，要及时进行疏导，鼓励他们进行相互倾诉。其实孩子和孩子之间很容易达成谅解，通过双方的诉说，将心中的不快倾诉完毕后，两个孩子的矛盾很快会化为乌有；如果他们暂时不想选择倾诉，我们可以暂时搁置一些时间，过一些时间孩子的情绪平静下来，大人再简单做引导，孩子们就可以做到互相道歉并达成谅解。

10. 遵守秩序

秩序体现的是一个社会的公平精神，排队上校车、吃饭、进出公众场合等都得遵守秩序。秩序能提高效率，又使得社会更加和谐，秩序也是体现社会文明及个人文明和教养的一面镜子。但在实际生活中，我们常常会看到不按秩序排队、抢占位置、把垃圾直接扔出窗外的不文明现象，当有人出现这些行为时，周边的人会向他投去异样的眼光，认为这个人是没有教养的人。

从小培养孩子懂得遵守公共场所秩序的习惯，让孩子清楚在什么场合是需要排队的以及排队的规则是什么，如果有人没有按秩序排队我们应该如何提醒对方等等。

利用一切机会让孩子排队。当我们带孩子参加一些公共场所的活动时，一定要提前对孩子进行引导，让孩子清楚在公共场所里需要注意哪些事项。并引导他们观察哪些是对的，哪些是错的。尽可能让孩子多参与排队，例如坐地铁时、户外玩滑梯时、超市结账时、进公园时……利用一切可以利用的机会，让孩子学会排队，并告诉孩子，不同的场合需要遵守的规则也可能略有不同，比如听音乐会鼓掌是有时机的，乐队指挥和小提琴首席没有离席前观众是不可以离席的，等等。

"以大带小"，积极发挥榜样作用。自己严格遵守排队规则，积极遵守公共秩序。孩子看到父母这样做，有了学习的榜样，就清楚地知道自己该如何做，从而能达到"润物细无声"的目的。爸爸妈妈还可以在参与一些公共场所活动的时候，赋予孩子一些监督的任务。这样会让孩子在公共场所里表现得更有责任感，遵守秩序的行为更加自觉。

不随地吐痰，不乱扔垃圾。随地吐痰不仅严重破坏环境卫生，并且很容易导致细菌传染疾病。走在大街上，当看到有人经过随地吐痰时，其他人都会产生强烈的厌恶感，看到乱扔垃圾的人，大家内心都会指责他没有素质。

有的幼儿园已经在日常教育中增加了一个非常重要的内容——优雅与礼仪。十年前，我曾受女儿所在幼儿园的邀请，给幼儿园的小朋友们上过一堂礼仪课，课程内容包括日常礼仪以及就餐礼仪。小朋友们饶有兴致地模仿西餐的就餐礼仪，比如男生为女生拉凳子、轻声交谈、刀叉的摆放与使用，等等。通过优雅礼仪的各种练习，培养出小绅士和小淑女。在家庭教育时，我们也可以对孩子进行训练。

教会孩子如何吐痰、扔垃圾。在家里固定的位置摆放便于孩子取放的抽纸，当孩子要吐痰时，先取一张纸巾叠好，然后把痰吐到纸上，包裹后再丢进垃圾桶内。

爸爸妈妈先要带领孩子认识哪些是可回收垃圾，哪些是不可回收垃圾，哪些是厨余垃圾，让孩子认识到随意丢弃垃圾对环境的危害。在家里分别准备回收垃圾和不可回收垃圾，以及厨余垃圾的垃圾桶，引导孩子分门别类地把垃圾放好。现在垃圾又有了新的分类，每个城市可能会有所差异，我们也要教会孩子识别垃圾分类的图标，然后可以和孩子以做游戏的方式，或者请孩子帮忙的方式，教孩子学会对这些垃圾进行分类。

除了这些以外，日常生活中还存在孩子已经养成不好的行为习惯这种情况，下面几节将针对一些常见的、让爸爸妈妈们头疼的不良行为习惯进行分析，希望能给大家一些启发。

附: 表6—1　时间任务表

时间	8:00 起床	8:10 洗漱	8:30 出门	17:40 晚餐	18:10—18:30阅读	18:40—19:30锻炼	19:40—20:10画画	20:40 洗漱	20:50 睡觉
周一									
周二									
周三									
周四									
周五									
周六									
周日									

备注：奖励物品由父母和孩子共同商议。

二、"偷"东西的飞飞——孩子的物权意识

（一）孩子的物权意识

一天，幼儿园小班的几个孩子发现自己的蜡笔不见了，老师仔细询问班里的孩子，有孩子反映好像是飞飞拿的。老师当时没有吱声，下来的时候看到飞飞的书包里果然有丢了的彩笔。还有一次，宁宁带了一盒饼干到幼儿园，饼干被孩子们吃光之后，因为饼干盒好看，飞飞没有经过他人同意就把饼干盒放进了书包。户外游戏结束回来的时候，大家找不到那个漂亮的饼干盒。后来，宁宁在飞飞的书包里看到了。老师发现，有时孩子们带来一些好吃的，如蛋糕、巧克力、火腿等，趁大家不注意，飞飞经常悄悄拿走。因为飞飞的这种行为已不是一次两次了，孩子们都喊飞飞是小偷，老师也意识到这个事情的严重性，就把这件事情告诉了飞飞的妈妈。妈妈想起，之前飞飞到邻居家串门，见到人家有好吃的也拿起来就吃，感觉像是在吃自己家里东西一样，为此妈妈很尴尬，也批评过他，没想到现在已经演变成频繁在幼儿园里拿别人的东西了。妈妈在老师的建议下，寻求心理帮助。

飞飞才三岁多，显然不能笼统地给飞飞扣上"偷"的帽子。那么，对飞飞这种动不动就"偷"别人东西的行为怎么解释，又是什么原因造成的呢？

1.孩子自身心智

这种"偷"的行为与孩子的心智发展密切相关。幼儿的心理

发展还很不成熟，见到新奇、喜欢的东西总爱不释手，加上孩子的思维多被想象所左右，不能清楚地认识到哪些是自己的东西，哪些是别人的东西，他们的小脑瓜里更多想的是"我也想要""我也想玩"，一不小心就会把别人的东西藏起来据为己有。当他们拿别人的东西的时候，不能体会到别人受到的损失，只是感觉自己只是拿来玩玩而已。

2. 外在环境影响

家庭教育方式不正确也会让孩子产生这种"偷"的不良行为。比如自己的孩子和别的小孩一起玩，因为喜欢，自己家的孩子拿了别的小朋友的东西，这时候爸爸妈妈只是随意说说而不是郑重其事，就不会引发孩子的重视，久而久之就会让孩子习以为常，以为这样做没什么不妥。另外还有可能是因为家庭教育过分严苛，当孩子发现别的小朋友有某种玩具自己也想拥有的时候，如果爸爸妈妈不给孩子买，那种想要拥有的心理作祟，孩子没法通过正常的途径来获得，只好通过别的途径得到，就有可能引发"偷"的行为。比如飞飞可能会因为自己没有那种盛饼干的小盒，而妈妈也很少买饼干，想自己也拥有一个。此外，孩子还可能受到不良同伴的影响，比如跟年龄稍大的孩子一起玩，看到他偷拿别人东西，这时候自己会模仿这种行为。

我再来举两个例子。

我的女儿在上幼儿园时，我曾在家中看她玩一种喷枪笔，我从来没有给孩子买过这种笔，我询问孩子笔是从哪里来的，她眼光有点闪躲，说是好朋友欢欢给她的。根据孩子的表情和声音，我判断她在撒谎。我出门给欢欢的妈妈打了一个电话，确认这几支喷枪笔并不是欢欢给她的。于是我很严肃地再次问她笔从哪里来的，她才吞吞吐吐地说是从幼儿园悄悄拿回家的。因为我了解3岁孩子的心智特点，并没有很严厉地批评她，更不会上纲上线地给孩子贴一个"偷盗"的标签。但是我非常严肃地告诉她这种不经过别人允许就把东西带回家的行为非常不妥，妈妈不喜欢这样的行为，要求孩子第二天把笔还给老师并向老师道歉。女儿突然大哭不止，说可以把笔还回去，但是不能给老师道歉。我明白孩子觉得伤及了自己的自尊，担心老师认为她不再是个乖孩子。我告诉女儿，老师不喜欢撒谎的孩子，但是喜欢有错就改的孩子。后来经过协商，我同意女儿第二天把笔悄悄还回教室，并向我承诺从今以后不经过他人同意不拿别人的东西。我第二天在学校对面的小卖部给孩子购买了和学校类似的喷枪笔作为对孩子有错就改的奖励。从那以后，孩子再也没有出现过类似行为。

我的一个好友，一天给我来了一个电话，气急败坏地说："我发现南南偷家里的钱，这已经不是第一次了，前两周我们就总是觉得放在抽屉的钱少了，但是没有证据，这周我和她爸爸故意把88块钱放到抽屉，今天一数果然少了10元。晚上我和她爸爸从学校一路悄悄跟踪她回来，发现她在学校门口买辣条和海带丝，这些钱就是她从家里偷来的，这么小就偷东西，你说我该怎么办？"

"你的意思是说，南南偷的家里的钱是用来买零食的？"我问。

"是的。"

"那你为什么不给她零食专用的钱呢？"

"我们很反对她吃学校外面那些很便宜的垃圾食品，我可以去超市给她买贵一点的零食，不给零用钱就是为了防止她买学校门口的垃圾食品。"

南南是我的干女儿，刚上小学二年级，我对她的成长非常清楚，她绝不是一个品行不良的孩子。我又回忆起我们两家人有一年一起去云南自驾游，南南总想坐我的车，一来她想和我的孩子在一起玩，另一方面，我的车上有很多零食。南南上我车的时候，她妈妈专程跑过来悄悄跟我说："千万不要给她吃零食。"我问南南妈妈为什么，她说："你看，我父母个子都不高，但是我长得很高，这肯定和我从小不吃零食有关。"在南南家，零食，尤其是低廉的零食是被绝对禁止的。

但是孩子一定会受同龄人影响。我们可以试想一下，南南的同学都喝可乐，都吃五毛钱的辣条和海带丝，看着同学的吃相，闻着同学手里"低廉的零食"散发出的香味，南南垂涎欲滴，但是自己囊中羞涩，只好另想他法，于是乎家里的钱就不翼而飞了。

我给南南妈妈讲述了"让孩子像孩子那样长大"的道理，并让她每周给南南20元的零花钱，同时也要告知南南垃圾食品的害处，最后让南南自己来支配这些零花钱。从那以后，家里的钱再也没有少过，随着南南年龄的增长，她也逐渐能意识到垃圾食品的害处了，后来还自己存了一笔钱到超市购买添加剂少的食品。

通过上面的两个案例，我们可以总结出孩子"偷"这个行为背后的成因，幼儿和儿童"偷"的行为与道德无关，但是和心智发展水平、好奇心以及家庭教育观念的刻板有关。

（二）纠正孩子"偷拿东西"的心理小建议

针对孩子"偷"东西的行为，家长们一定要及早重视！既然孩子"偷"的行为可能是由于孩子自身因素导致的，也可能是家庭教育不当或者不良行为模仿导致的，那么就需要我们对孩子的"偷"有准确的诊断与理解；重点是了解孩子"偷"背后真正的需求是什么，是不是大家都有而自己没有，因此其他小朋友不跟他玩；还是有个东西他很想要，就是没有买给他……而不应该发现孩子一偷拿东西就火冒三丈，狠狠地责罚孩子或者大声辱骂，给孩子贴上"偷"的标签。"偷"这个行为可大可小，爸爸妈妈们一定要有耐心，科学地纠正孩子这种"偷"的行为。

1.适当满足孩子的需求

拿别人东西是因为孩子认为自己没有，爸爸妈妈又对孩子物质上过于限制，这种情况下，如果孩子发生"偷"东西的行为，我们应该适当满足孩子的物质需求。否则，同样是一件东西，当别的孩子都有，唯独自己没有时，其他孩子难免会觉得奇怪，或许这种奇怪并不是恶意的，但是会促使没有的孩子产生自卑感，家长们针对这种情况应该适当满足。当然，这也需要个度，不是只要别人有的东西，父母就必须给孩子买。这样的话，也会产生另外一个极端，容易造成孩子的攀比心理。

为孩子买东西之前，可以适当跟孩子约法三章，比如买了这个东西之后，孩子需要如何保存、如何使用都要加上一些限制，告诉孩子如果做不到，下次可能就不会轻易给他买了，这种约定就是让孩子珍惜父母给他买的东西，防止买来的物品玩过一会儿后就不玩、不用，造成浪费。

2.适当处理孩子"偷"的行为

如果孩子确实出现了"偷"的行为，一方面爸爸妈妈不要大惊小怪，更不要随意辱骂、责罚孩子，甚至将"偷"的标签贴到孩子身上，动不动就提"偷"这件事情。不但爸爸妈妈不能这么做，当有其他孩子嘲笑的时候，爸爸妈妈还要保护好孩子的自尊，免得让其受到心灵伤害。曾有位幼儿老师处理了一名"偷"拿别人东西的幼儿，她不但把那个小朋友狠狠地当众批评了一顿，还吓唬要把他送到警察叔叔那里，还告诉班里的小朋友："如果他再偷小朋友的东西，大家就别和他玩。"此后，班里小朋友就不愿和这个孩子一起玩了，还都说这孩子是小偷，后来这个孩子再也不愿意去幼儿园上学了。这个老师处理的方式特别不恰当，不但没有起到教育的作用，反而给孩子造成了心灵伤害。我们自己在对待孩子"偷"东西这件事情上，不仅要细心教导，还要与老师形成合力，共同帮助孩子改掉这个毛病。

如果孩子拿了别人的东西，就要求他及时归还，而且在归还时还要道歉，主动承认错误，让孩子意识到不能随便拿别人的东西。我们不便当众批评孩子，但可以通过一些小故事让其明白不能随意拿别人东西的道理。

3.幼儿不"偷"时要强化表扬

当习惯"偷"拿别人东西的孩子在我们的教育引导之下，不再出现"偷"的行为之后，比如孩子去邻居家玩看到好吃的想吃但是先征求了同意，或者孩子看到其他小朋友有自己喜欢的玩具，想要玩的时候先征求了同意等情况时，我们只要发现就要及时给予鼓励和表扬，表扬孩子尊重别人，不断强化孩子的良好行为。总之多观察孩子的行为变化，当孩子不再随意拿别人东西的时候，要及时鼓励孩子，同时及时跟老师沟通，老师同步鼓励。

　　这里我想引申讲讲"物权意识"。什么是物权呢？从概念上来讲，就是权利人支配一定物品并排除他人的权利。更通俗一点，就是对自己的东西享有一定的占有权和保护权。不论是人类还是动物，大多都有潜意识里的物权思想。孩子一天天长大，他会渐渐明白什么东西是自己的，要由自己来支配、管理；而要借用不是自己的东西时，需要征得对方的同意。物权意识在孩子的成长中有着极为重要的意义。培养孩子的物权观念、建立良好的物权意识，也是完整人格的一部分。物权意识可以让孩子拥有自尊、自主的心态，帮助幼儿懂得珍惜自己的物品、维护自己的权利，并且学会尊重他人的物权。物权意识不仅要有，还要适度。物权意识发展欠缺的幼儿，性格会倾向于软弱、逃避，在成年后往往不懂得寻找和抓住机遇，当自己的权益受损时也不会主动维护，导致境遇每况愈下；而物权意识过于浓厚的孩子，性格往往自私、小气，将来会给人际关系带来困扰，同时失去很多分享所带来的快乐。

　　我们要培养幼儿具有一定的物权意识，既要保护好自己的物权，同时也不能侵犯别人的物权。

　　当一个孩子形成物权意识了，父母才可以更进一步帮助孩子建立人权意识。孩子年龄尚小，我们只需要告诉孩子，一个人还有对自己身体的支配权，所有自己不喜欢的身体触碰都要勇敢地说"不"，这样就可以延伸到对孩子性教育中的性保护内容了。关于幼儿的性教育，我们在后面的章节中会有更详细的介绍。

三、撒谎的淼淼、浩浩、琪琪
——正确看待孩子的谎言

（一）正确看待孩子的谎言

一天早上，淼淼去幼儿园之前跟妈妈说，老师让带布娃娃到学校去，妈妈到了幼儿园，私下向老师了解此事，老师说没有此要求，可能淼淼看到头一天妞妞带了布娃娃，所以今天自己也想带。

周六浩浩要去舞蹈班，爸爸把浩浩送到舞蹈班没多久，舞蹈老师就打电话说浩浩肚子疼得很厉害，爸爸赶紧赶回舞蹈班把浩浩接回了家。第二周上舞蹈课，浩浩又出现了类似问题。爸爸妈妈有点着急，带他上医院检查，一切正常，爸妈怀疑浩浩可能是不愿意学习舞蹈。

幼儿园里，老师说谁的表现好，老师就会奖励一颗五角星。一天早上，老师发现桌上的五角星少了几颗，后来有同学说是被琪琪偷偷拿的。老师私下向琪琪妈妈了解情况，妈妈说琪琪昨天回家说因为在学校表现好，老师奖励她五角星了。

我们可以看出，以上几个案例场景中的孩子都是以某种形式说谎了。在实际生活中，很多爸爸妈妈估计都或多或少受到孩子说谎的困扰。所谓说谎就是不讲真话，有意歪曲实际情况，给他人造成不正确的假象。一般来说，说谎需要满足三个条件：第一，它在事实上的确是假话；第二，说话的人肯定知道它不是真的；第三，说的人希望听的人认为它是真的。3岁左右的孩子因为年龄小，会把现实和想象混在一起而说谎，4岁时能够有策略地说谎，并能够成功掩饰说谎的行为。可见，说谎行为的发展是多么迅速，因此，深入了解孩子说谎的原因，寻找策略和矫正方法是非常有必要的。

（二）孩子说谎的原因

1.无意识地说谎

幼儿阶段正处于无意记忆向有意记忆发展的过渡阶段，他们的认知水平不高，心理发育不成熟，经常表达不清自己的意愿，易出现错误。有些孩子常因认识不足和理解错误而产生一种心理错觉，于是便出现了由于认知水平低导致的"说谎"现象。另外，低年龄段孩子在幻想与现实中常常分不清楚，常常会把自己想要得到的东西说成已经得到了，听说别人得到某样东西后，由于好奇想要，会说自己也得到了。比如看到其他孩子得到奖励的五角星，妈妈问起时，会撒谎说自己也有。

2.有意识地说谎

孩子有意说谎的动机很多，一种是为了夸耀自己或满足虚荣心。如看见别人穿了一件漂亮裙子，就说自己也有一件公主裙，还谎称自己的那件更漂亮；听别人说某样东西好吃，就说自己早就吃过了，怎么怎么好吃……案例中的淼淼和琪琪撒谎就属于这种类型。另一种是为了达到目的或满足自己的物质欲望，即孩子为达到某种非正常的目的而有意夸大、歪曲甚至编造"事实"的行为，案例中的浩浩谎称自己"肚子痛"就是这种情况，很显然浩浩并不是真的肚子痛，而是不想上舞蹈课，但是他找不到其他理由，只能谎称"肚子痛"。再就是有时孩子撒谎可能是为了逃避惩罚，获得自我保护。当孩子发现在爸爸妈妈面前说出真话会受到惩罚，为了逃避惩罚，就会进行自我编造，进而撒谎。

（三）说谎孩子的心理小建议

通常我们认为说谎就是欺骗别人，所以从道德层面讲是不应该的，我们要教育孩子诚实做人。但是，针对孩子的撒谎需要结合具体情况来具体对待。

1.孩子无意识说谎不必太在意

孩子年龄太小，由于心理发展所处阶段导致现实和想象分不清，或者由于记忆不准确导致语言表达和现实不符的情况，我们不需要刻意关注，更没必要因为孩子说的不是事实而对其严厉批评。因为孩子的这种"说谎"不是品德问题，如果我们过分干预，反而会对孩子的"说谎行为"本身形成强化，不利于达到诚实教育目的。

2.有意识说谎，了解孩子的心理需求

在判断孩子说谎目的之前，我们应该先了解孩子的真实想法，知道孩子为什么会说谎，然后再和孩子进行沟通交流，让其真正懂得说谎是不对的，真实的回答更能得到别人的谅解。例如，有个幼儿说"今天是我生日"，而其实今天不是他的生日，

那么孩子撒谎的目的是什么呢？原来，这个幼儿的父母常年外出打工，他跟爷爷奶奶一起生活，很少吃生日蛋糕，如果自己过生日，幼儿园就会为小朋友准备一个生日蛋糕。这才是这个孩子的真正心理需求。即便是幼儿有意识的说谎，我们在处理的时候，也不能拿成人的道德标准来要求孩子，否则会伤害孩子的自尊心，也会影响孩子的人格健康发展，甚至会导致孩子更严重的"说谎"。

3.根据孩子的年龄，循序渐进地开展诚信教育

孩子3岁左右可以引导不说谎，因为这时候孩子年龄小，认知水平低，说谎多数是无意的。对其说谎行为，我们可以采用故事教育的方法，比如我们可以跟孩子讲《狼来了》的故事。通过故事让孩子意识到说谎会导致不好的后果。年龄小的孩子还常把别人的东西当成自己的，引导他们自己的东西就是自己的，别人的东西就是别人的，可以互相交换玩，但是谁的仍然是谁的，不能据为己有。而针对年龄稍微大点的孩子，有意识地说谎开始增多，这时候需要我们了解其说谎的内在需求是什么，因势利导，教育他们说了谎要勇敢地承认，逐步让孩子学会控制自己。

4.加强沟通，共同教育

孩子的撒谎行为有时需要学校和家庭沟通，共同教育，孩子是否存在撒谎现象可能要跟老师沟通才能全面了解。一方面，我们不要因为参加学校的什么活动，在孩子面前随意撒谎或者做其他不诚信的事情，这会让孩子产生模仿行为。一位妈妈曾经跟我说过，有一次幼儿园开家长会，自己忘了时间，还待在家里，这

时老师打电话来，家长感觉不好直接说忘了，便向老师撒谎说自己出门遇到了点事，要耽误一下，处理好就立即赶往幼儿园。巧的是，当时孩子就在旁边，目睹了一切。这件事情对孩子产生了很不好的影响，后来她为了不去上学就撒谎说肚子疼。还有的时候，我们可能为了纠正孩子一时的不听话，口头答应奖励，或买玩具或带孩子去动物园之类，最后却并没有兑现承诺，这就在无形中给孩子树立了一个不守信用甚至说谎的"榜样"。家长自己要以身作则，同时要及时跟老师沟通，了解孩子的状态，查找说谎的原因，了解孩子心里哪些需求没有满足，这种撒谎问题怎样避免。

重点提示

01

抓住培养好习惯的关键时期。否则，纠正不良习惯要用培养的两倍精力、三倍时间。

02

好习惯包含品德习惯、生活习惯、卫生习惯、学习习惯和行为习惯。

03

了解"偷"的背后孩子的真正需求，不给孩子贴道德标签。

04

无意识说谎是因为孩子年龄太小，分不清想象和现实；有意识说谎，要了解孩子真正的内心需求，适度满足或进行故事教育。

第 **7** 章

孩子的运动与健康

运动是孩子终生的朋友

一、孩子运动能力发展的特点与规律

孩子在成长当中用自己的身体来感受这个世界。婴儿靠感官学习这个世界的一切，只要是没有看过的，就会非常努力地看到它；只要没有摸过的东西，都要想办法摸到，如用鼻子闻、用嘴来品尝等等。另外，婴儿感受外界最主要的一种方式是靠身体来感受他所处的位置，这就是孩子成长当中为什么手、身体不停在动，其实是婴儿学习的一种最主要的形式。

有的爸爸妈妈可能要问了：这不是一本心理学的书籍吗，为什么会写运动呢？因为从心理学的角度看，一个运动能力强的孩子更容易拥有自信，一个热爱运动的孩子得心理疾病的概率也大大低于不爱运动的孩子。原因是，运动会让大脑产生多巴胺，容易让人快乐，同时当孩子有负面情绪的时候，可以通过运动把负面情绪释放出来。

运动对孩子的发展非常重要，实际上孩子的运动从出生之前就已经开始了，让孩子拥有良好的运动发育，会对他的智商、大脑、神经以及心理发展等方面产生近期和远期的影响。所以爸爸妈妈有必要对孩子的运动能力发展、运动系统做相关了解。

（一）孩子运动能力发展的基础

自孩子出生时起，他的小身体就拥有了两种身体活动，那就是反射和反应。反射动作是人类在长期进化过程中遗传下来的一系列动作，如吮吸反射、觅食反射、抓握反射等，是一种固定的反射活动。孩子出生时这种反射是天生的，所以孩子生来就会吮吸，生来就会抓握。新出生的孩子正是运用这个能力，才与陌生的世界取得最初的平衡，保护自己的生存。而反应活动是自发性的身体活动，既无目的，也无秩序，涉及孩子身体各个部位，如转头、扭动身体、腿和手臂的活动等，自发性的活动是日后运动能力发展的前提。

以前认为，刚出生的孩子的主要运动能力仅限于一些先天的条件反射，不具备复杂动作能力。但这几年大量的研究证实，这些孩子们已具备了一些复杂的动作能力，如躲避、抓取、够物和同步模仿等。比如孩子对迎面而来的物体或影响可产生躲避行为，表现出眨眼、缩头或后仰等。再如当视线触及某一物体或影像时，孩子可产生朝向该物的够物动作，这种够物动作并不能导致他成功地取到物体，这只是一种"前够物行为"。早期阶段，孩子还不能根据手的能力和任何反馈信息来调整自己的动作，但在3—4月龄后，就可以由视觉指导和依靠动作反馈协调产生够物行为了。当爸妈发现孩子开始发展这一能力的时候，就要有意识地进行训练了。

（二）孩子的运动系统特点

1.骨骼生长快

婴幼儿正处于身高迅速增长时期，其骨骼不断地长长、长粗。同时，骨骼外层的骨膜比较厚，血管丰富，这种骨骼特性有利于宝宝骨骼的生长和骨组织的再生和修复。

婴幼儿由于发育还未完全，一些骨骼尚未融合连接成一个整体。例如，成人的髋骨是一块整骨，而婴幼儿的髋骨是由髂骨、坐骨和耻骨三块骨头连接在一起的，这种情况一直要持续到7岁左右才逐渐骨化融合成为一块完整的骨头。另外，由于婴幼儿骨骼含骨胶原蛋白等有机物多，骨骼柔软，弹性大，可塑性强。因此，有些妈妈会发现，孩子可以做许多成人无法做的动作，似乎像个杂技演员，一会儿能用嘴吃到自己的脚指头，一会儿可以把脚丫子举到头上来。虽然孩子骨头很灵活，但同时也很容易出现变形、弯曲，所以不良的姿势对宝宝影响很大。

2.头部骨骼尚未发育好

新生儿出生时头部骨头之间有很大的缝隙。在颅顶前方和后方有两处仅有一层结缔组织膜覆盖，分别称前囟和后囟。婴幼儿的骨缝要到4—6个月才能闭合，前囟到1.5岁左右闭合，后囟在3个月左右闭合。因此，新手爸妈在照顾新生宝宝的时候，要注意孩子的头部发育，而囟门就更要多加留意了，不能随意抚摸、按压孩子的头。整个婴幼儿颅骨的结构在前囟门最弱，没有骨片的保护，而大脑组织就在正下面。前囟门凸出时可以用手感觉到颅内有跳动的情形，这反映出脑内动脉的振动波，还可以感觉到好似有凹凸不平的东西在下面，这就是大脑表面的脑面。妈妈们要注意，不要让别人随意摸孩子的头，千万不能用力压，否则有可能会对大脑造成损伤。

3.脊柱的生理弯曲

孩子出生时脊柱是直的，弯曲是随着动作发育逐渐形成的。一般婴幼儿在3个月左右抬头时出现颈曲，6个月能坐时出现胸曲，10—12个月学走路时出现腰曲。7岁前形成的弯曲还不是很固定，当儿童躺下时弯曲可以消失。7岁后随着韧带发育完善后，弯曲才固定下来。

4.腕骨的钙化

孩子出生时腕部骨骼均是软骨，6个月左右才逐渐出现骨化中心，10岁左右腕骨才全部钙化完成。因此，婴幼儿的手部力量小，不能拿重物。

5.关节发育不全，足弓尚未形成

婴幼儿关节窝浅、关节韧带松弛，所以稍不注意，力量大了，孩子极容易发生关节脱臼。另外婴幼儿的脚没有足弓。孩子到了站立和行走时，才开始出现足弓，且由于婴幼儿的肌肉力度小、韧带发育不完善，如果孩子长时间站立、行走或负重或经常不活动，可导致脚底肌肉疲劳，韧带松弛，出现扁平足，影响行走和运动。

6.肌肉力量小

婴幼儿肌纤维细，肌肉的力量和能量储备少，肌肉收缩力较差，所以孩子运动多了容易发生疲劳，不能负重。另外婴幼儿的肌肉发育是按从上到下、从大到小的顺序进行，先发育颈部肌肉，然后是躯干，再四肢。先发展大肌肉群，如腿部、胳膊；再发展小肌肉群，如手部小肌肉。因此，妈妈们会发现，孩子总是先学会抬头、坐、立、行、跑、跳等大动作，手部的精细动作要到5岁左右才能完成。

（三）孩子运动能力的发展规律

孩子的运动能力发展是先天因素和后天习得的结果，是由神经系统支配的骨骼肌肉系统发育的结果，而孩子运动能力发展的顺序基本遵循生长发育的生物学本质。孩子的运动能力主要表现在首尾规律、远近规律、大小规律和无有规律上。

首尾规律。即由头部到尾端，由上肢到下肢的顺序发育过程。孩子动作的发育，是先从上部动作然后到下部动作的。孩子最先出现的是眼和嘴的动作，然后是躯干、四肢动作。上肢的动作早于下肢的动作，先学会抬头，然后俯撑、翻身、坐和爬，最后学会站立和行走。

总体上也就是离头部最近的动作先发育，靠足部的动作后发育。这种趋势则表现在一些动作本身的发育，如爬行，先是学会借助于手臂的匍匐爬行，然后才逐渐运用大腿、膝盖和手进行手膝爬行，最后才是手足爬行。爸爸妈妈要了解孩子的首尾发育规律，对于孩子的运动进程千万不要操之过急，要循序渐进。

近远规律。即由身体的中央部位到身体边远部位的发育规律。孩子运动的发展先从头部和躯干的动作开始，然后发展双臂和腿部的动作，最后是手部的精细动作。也就是靠近中央部分的头颈、躯干的动作先发育，然后才发育边缘部分，如臂、手、腿、足等。例如，孩子看见物体时，先是移肩肘，用整个手臂去接触物体，以后才学会用腕和手指去接触并抓取物体。

大小规律。即先发育大动作，再发育精细动作。孩子动作的发育，先是从活动幅度较大的大运动开始，而后才学会比较精细的动作。大运动是指抬头、坐、翻身、爬、走、跑、跳、掌握平衡等，即大肌肉群所组成的动作。大运动常伴随强有力的大肌肉的伸缩、全身运动神经的活动，以及肌肉活动的能量消耗。精细运动是如吃饭、穿衣、画画、剪纸、玩积木、翻书、穿珠等。从四肢动作发展而言，孩子先学会臂与腿的动作，以后才逐渐掌握手和脚的动作，通常是先用整个手臂去够物体，以后才会用手指去抓。

无有规律。即由无意识的活动发育出有意义的探索行为。泛化集中规律，即孩子出生后的动作发育从泛化的全身性的动作向集中的专门化的动作发育。孩子最初的动作是全身性的泛化动作，此动作是笼统的、无规律的。例如：孩子在受到疼痛刺激以后会哭闹，伴有全身的活动。而在新生儿期以后，宝宝的动作逐渐分化，向局部化、精确化和专门化的方向发展。

这里提及一下0—3岁孩子运动的发育规律，妈妈们可以自我比对一下，自己的宝宝是否达标。如果差得比较远，就要找找原因了。

0—3个月大运动方面，3个月时能够抬头；精细动作方面，能够抓握木块。一般情况下，孩子3个月就能抬头了，有的孩子两个月就能抬头，甚至过了满月头部就能摇摇晃晃地支起来。这标志着孩子的颈部肌肉发育得比较结实。

4个半月，学会侧卧，也就是翻身。3个月前的孩子并不会侧卧，即便家长将孩子侧翻身，在没有外力帮助的情况下孩子也会重新回到仰卧姿势。但大多数孩子在4个半月的时候已经会翻身了，这是一个了不起的进步，证明孩子大运动发育得很好。如果孩子这时候还不会翻身，家长就要警惕，必要时需要带孩子去就医。毕竟，孩子大运动发育情况能直观地反映孩子自身健康情况。

7个月，能不借助任何外物，独自坐着。孩子刚出生时，拳头握得很紧，但这时候的抓握只是条件反射，并不是孩子有意识的抓握。拿东西放孩子手里，他并不知道要合拢手指，因此东西常常会不自觉地往下掉。到了3个月的月龄，孩子的手指已经可以有意识地抓握木块，并保证不让往下掉了。

按照民间说法，孩子6个月左右就会独自坐着了。但有时候会坐得东倒西歪，不够标准。但到7个月，即使没有别人扶，也能坐得很好。

11个月，没人帮扶的情况下，孩子能自己站起来。"站"这个动作，其实是里程碑式的动作，因为它是下一步"走"的重要前提。毕竟站立一方面需要腿部肌肉用力，另一方面要靠平衡力。11个月左右的孩子，已经能不借外力直接站起来了。如果有的孩子不能站，家长要看是否平时练习不够。

1岁左右，能拿笔简单涂鸦。拿笔涂鸦，说的是孩子精细动作方面的发育。毕竟拿起笔需要食指和拇指用力，而涂鸦画画又需要其他手指的协调，对孩子来说，这是个很精细复杂的动作。

3岁前，大运动方面，能跑能跳，会用脚踢滚动的球；精细动作方面，能穿脱简单衣物，会拉拉链，会熟练使用勺子。如果家长平时多让孩子运动探索，孩子的大运动和精细运动会进一步快速发展，到了3岁，不仅能跑能跳，还能用脚踢球，说明孩子手足和眼部配合比较默契。在这方面，家长需要做的是放手让孩子自己完成属于自己的事情。如果孩子到了3岁，这些动作还没学会，家长要反思是否平时代劳过多，损害了孩子的独立性。毕竟，通过让孩子自己拿勺吃饭，可以锻炼手眼协调，自己穿衣系扣子，也是锻炼手指的好方法。

（四）不爱运动孩子的心理小建议

1.支持孩子的运动兴趣，不要强行干涉和禁止孩子运动

身体健康、发育正常的孩子总是活泼好动的，他们奔跑跳跃、爬高钻低，常常弄得满头大汗，一身泥尘。有的孩子平坦的路不走，偏要去走高低不平的地方；有的孩子爬上爬下，满身污渍；还有的孩子甚至会扯烂衣服，划破皮肉。于是有的妈妈怕孩子弄脏衣服，有的妈妈怕孩子摔伤、碰伤，就下了种种禁令，孩子的运动被禁止，失去了勃勃生气。其实，这些爱动的孩子往往不容易摔跤，相反，那些平时不爱运动的孩子走路一摇一晃，稍一跑动，就会摔倒。爸爸妈妈都应懂得孩子需要运动这个道理，都应满足孩子喜爱运动的愿望，取消不合理的消极禁令，引导他们参加各种有益的体育活动。

2.提供运动的环境，选择适宜的运动项目

家长要从孩子的年龄特点和能力水平出发，从实际条件出发，在家中选择一些趣味性强、活动量小、空间要求不高的运

动，如徒手操、跳绳、拍皮球、打弹子、投沙包、打乒乓球、打板羽球或一些民间体育游戏等。运动时要注意劳逸结合，注意全面锻炼，上肢和下肢、左侧和右侧、大肌肉和小肌肉的锻炼运动要平衡，使孩子身体得到全面、协调的发展。

3.日常坚持，注意安全

运动贵在坚持，经常运动才能真正取得锻炼的效果。爸爸妈妈可以多向孩子进行体育运动意义的宣传，比如讲奥运金牌运动员以及优秀运动员的故事，带他们看看运动会和比赛。除此以外，还要注意场地器械的安全，教会孩子正确的运动方法，注意孩子运动后的反应（脸色、出汗、呼吸、脉搏等），并有意识地利用运动的有利时机，进一步锻炼孩子在运动中的独立性、自主性和创造性，培养孩子活泼开朗的性格和灵敏协调的能力。

（五）训练孩子运动的具体操作流程

3—6个月，此时孩子虽然看起来软弱无力，但爸爸妈妈也要有意识地对孩子进行抬头、翻身和坐姿训练。但要注意，这个阶段孩子的脊柱尚未发育完全，坐的时间不能太长，不可以让他跪坐，最佳的坐姿是双腿交叉向前盘坐。

6个月—1岁，此时孩子对肌肉的力量有了一定的控制能力，爸爸妈妈可以帮助他做好爬行和站立训练。特别是练爬行，会对孩子的协调性发展很有帮助。但是有专家提醒，不要让孩子久站，特别是肥胖的孩子，以免压迫腿部骨骼；另外不要过早让孩子去跳，这样也不利于骨骼发育。

1—3岁，此时，例如像爬行、站立等对孩子来说已经轻而易举了，可以进一步学习各种比较精细、需要身体协调的动作。爸爸妈妈可以带着孩子上下楼梯，锻炼孩子自己穿衣服、系鞋带，陪着孩子玩剪纸、捏橡皮泥等游戏。

3—4岁，这个时期的孩子身体比较柔软，模仿能力很强，对小动物也很感兴趣。爸爸妈妈不妨鼓励孩子扮演小兔子、小猫、小熊等，在不知不觉中练习走、跑、跳、投等运动技能，除此以外还可以多带孩子去室外和大自然亲近，玩玩沙子、泥土等天然"玩具"。

二、不爱运动的洋洋——提升孩子的运动素养

（一）提升孩子的运动素养

洋洋是班里最胖的孩子。他平时不爱运动，走路时身体左右摇晃、脚步不稳、动作笨拙，常常被另外的小朋友嘲笑。户外活动时，他就总喜欢安安静静待在一旁。偶尔和小朋友们活动，不一会儿就气喘吁吁，出一身汗。特别是下楼梯时，他表现得十分紧张。虽然已经上大班了，但每次下楼梯时都要用手紧紧地抓住栏杆，一直弓着身子，脚试探着往下迈，每次都跟其他小朋友落下一大段的距离。

有一次早操，老师要求所有的小朋友伸直胳膊，两手斜上举，尽量去靠近耳朵，其他小朋友都做得很到位，只有洋洋胳膊肘有点弯，于是老师走到洋洋身边，打算手把手地纠正他胳膊的姿势。老师一摸，发现洋洋的胳膊异常绵软，给人一种十分无力

的感觉。老师帮他把胳膊抬到准确的位置，结果不一会儿他的胳膊又掉了下来。

洋洋的爸爸在外地工作，妈妈是公司的中层管理人员，平时工作非常繁忙；洋洋从小由爷爷奶奶带大，洋洋的爸爸是三代单传，爷爷奶奶非常溺爱孙子，对洋洋百依百顺，不让他做任何事情，让洋洋过着衣来伸手、饭来张口的生活。洋洋虽然已经上大班了，但是在家里依然是奶奶帮他穿衣服，吃饭还要奶奶追着喂。老人极少带孩子到外面玩，上下楼梯都是爷爷背着。

在爷爷奶奶的精细化喂养和过度保护下，洋洋吃得好、长得胖，就是不爱运动。虽然已经5岁，是大班男孩了，但他上下楼梯还让爷爷背，这听起来让人匪夷所思，难怪他走路时身体左右摇晃，脚步不稳，动作笨拙，活动一会儿就气喘吁吁，这样发展下去，会严重影响他的身体能力、智力和个性的发展。

未来的竞争是综合能力的竞争，强健的体魄是未来所有能力发展的基础，如果不尽快改变当前的家庭教养方式，带动洋洋更多地参与运动，将会严重影响他未来的成长和心理发展。

（二）帮助孩子养成运动素养的心理小建议

1.父母要多参与孩子的生活，鼓励孩子参与体育活动，激发孩子的运动兴趣

如上文所述，洋洋比较胖，胖的孩子一般不愿意运动，父母要根据他的兴趣和爱好，想办法引导他尽量参加各种体育活动，包括跑步、拍皮球、蹬小轮车、扔沙包、走平衡木、攀爬等，不

拘形式，只要能让他积极运动就可以。此外，还有重要的一点是，要循序渐进地增加他的运动量，引导他长时间运动。体育活动，既能帮助他减掉过多的脂肪，又能增加他身体的耐力，提高他身体的平衡性和灵活性。

2.在日常生活中，培养孩子各项生活技能

与同龄的幼儿相比，洋洋的各项能力已经远远落后了。在幼儿园的日常生活中，老师可以把洋洋带在自己身边，随时帮助和引导他完成各项生活自理任务，并及时肯定他的努力和进步，提高他独立做事的兴趣。当洋洋的自理能力有一定的提高时，也可以选洋洋当老师的小帮手，帮老师整理玩具、图书等，帮助身边的小朋友，获得大家的肯定，激发他主动做事的兴趣和自信心，同时让他在这个过程中练习各种技能。

需要注意的是，前期以培养洋洋自己做事的兴趣为主，让他获得自己做事的美好体验和成就感为重点。至于他做得怎么样不重要。在这个年龄段，他的生理机能已经具备，只要肯做并反复练习，他的进步就会非常快。

（三）培养幼儿运动素养的具体操作方法

1.主动放手，鼓励孩子自己的事情自己做

父母一定要和爷爷奶奶达成一致的教育理念，爷爷奶奶一定要放手。吃饭、穿衣、洗脸、刷牙、洗澡等事情，一定让孩子自己做。这些生活自理活动不仅可以提高身体平衡和协调能力，还可以帮助孩子克服依赖心理，进一步激发孩子自己做事的兴趣。

2. 多带孩子参加户外运动，进行耐力训练

洋洋的爷爷奶奶年龄大了，他们的体力已经不足以带孩子进行略有强度的体育运动，洋洋的父母要安排好自己的工作，抽出专门的时间带洋洋进行体育运动或体育游戏。不管什么样的运动游戏，只要他喜欢就让他尽情地玩，让他在摸爬滚打中提高身体的灵活性、平衡性和协调能力，促进他身体动作和体能的发展。

为了保持洋洋参与体育游戏的兴趣，家长要注意控制游戏的难度。目前，洋洋的身体运动能力比较差，如果体育游戏过难，洋洋学不会就会产生挫败感，从而失去继续游戏的信心。而如果过于简单，洋洋一学就会，也失去了挑战的乐趣。此外，还可以在体育游戏中设置一定的故事情境，将几种运动技能融入情境，吸引孩子积极参与游戏，达到运动的效果。

洋洋的父母也可以利用周末时间，多带孩子进行耐力训练，如散步、爬山等，逐渐增加孩子的活动量，帮助他消耗过多的能量，减少脂肪，增加肌肉，特别是洋洋的爸爸要多带孩子运动，多陪孩子玩耍，做好积极运动的榜样。

3. 制订方案，循序渐进地开展多种运动

发胖的孩子不适合一开始就进行剧烈的运动，家长可以根据孩子的身体状况和孩子一起制订方案，选取适宜的运动项目，制订近期的一个小目标。制订目标时可以让孩子想一个心愿，让孩子每天记录自己的完成情况。一个月如果目标实现，可以表扬孩子并给予孩子物质奖励，实现孩子的心愿，激励孩子继续努力。

三、摇摇摆摆的林林——培养孩子的感统能力

（一）培养孩子的感统能力

林林身体有点胖，走起路来有点笨拙。一次户外活动中，老师组织大家进行跳跃练习，其他小朋友都能顺利地完成任务，可他从一个只有5厘米高的平台上往下跳时竟然崴了脚。

幼儿园新安装了一组平衡架，老师每天都带着孩子们去进行感统训练。大部分孩子从一开始的不敢走、猫着腰走，到最后能踩着平衡架的两边轻松自如地走过去。只有林林每次都躲在后面不敢走。老师过来想扶着他走，他害怕地说："我不要，我会从上面掉下来的。"说完，就一溜烟地跑开了……这一周又到了练习平衡架的时间，老师走到林林的身边轻声地对他说："林林，别怕！老师会一直拉着你的手，你大胆地走就行。"没等他反应过来，老师就拉着他的手让他上了平衡架。林林的腿一个劲儿地发抖，一个劲儿地喊："老师我害怕！""老师，我要下去！"老师一边小心翼翼地扶着他，一边安慰他："没事的，林林。老师这样拉着你的手，你不会掉下来的。"然后老师让其他小朋友给他加油。在同伴的鼓励声中，林林勉勉强强地往前迈着步子，但整个身体几乎都压在老师身上，最后，林林终于艰难地走到了平衡架的尽头。

林林从小体质较差，爸爸妈妈平时工作忙，由奶奶带大。生了林林后，奶奶才从农村来到城市，因为习惯的不同，奶奶总是担心自己照顾不好孩子，所以平时非常精心地照顾孩子，生怕有半点磕磕碰碰，导致孩子自理能力弱，行为控制力差，怕苦怕累，大小肌肉和动作的发展均较弱。

感统能力是指感觉统合的能力，是大脑和身体相互协调的学习过程。是一个人在环境中有效利用自己的感官，以不同的感觉通路（视觉、听觉、味觉、嗅觉、触觉、前庭觉和本体觉）获得信息，输入大脑，大脑再对信息进行加工处理并做出适应性反应的能力。

身体平衡是人体重要的生理机能，是人保持身体姿态和做出基本动作的基础。离开平衡就没有了重心的稳定性，人的健康和动作发展便无从谈起。平衡能力有静态平衡能力和动态平衡能力。静态平衡能力是维持人体重心与姿势相对静止的能力，动态平衡能力是人体在体位改变或运动的状态下对姿势和重心的控制与调整的能力。所以，平衡能力是人类一切动作发展的基础。

（二）平衡力对人的重要性

如果平衡能力发展不好，体育活动中的基本动作，如走、跑、跳、投、平衡、钻、爬、攀、登等，孩子都不能顺利完成，更不能参加一些具有技巧性和一定对抗性的体育项目，甚至影响他们的日常生活，比如，容易摔倒或拿东西不稳等。

我们经常看到1岁多的孩子走路时会不小心摔倒，或者别人一碰就摔倒的情况，这是因为他们的平衡能力还没有得到很好的发展。

（三）平衡能力的发展

一个人的平衡能力，除了有一定的遗传因素外，更多的是通过后天各种身体动作的练习不断发展起来的。比如，抬头、翻身、坐、爬、站、走、跑、跳等一系列基本动作，都要经历从不稳到稳，从跌跌撞撞、摇摇晃晃到不断平衡和动作自如的过程。这一过程就是婴幼儿的各种身体器官和神经系统不断协调工作，形成复杂的神经传导和控制的过程。生命在于运动，孩子的成长正是通过各种各样的动作和运动促进身体器官的功能完善，提高身体控制的能力，达到灵活自如地支配自己的身体进行各种复杂活动的程序的。

我们发现，那些随时脏脏的孩子运动协调能力明显高于养得干净的孩子。我在一次初中组的夏令营中，有一个眉清目秀的男孩，他拒绝参加任何运动类项目，比如所有孩子下水摸鱼，他是唯一一个不下水的人，他说"河里的水太脏了"；所有的孩子下地摘瓜，他也是唯一一个不下地的，原因是"露水太多，会脏了鞋"。后来通过了解，这个孩子从小就被带得很精细，家里特别注意卫生。这样养育的结果是孩子不仅运动能力很差，还伴随轻微的强迫现象。

目前，由于家长过度保护和只重视孩子的智力早教，而使得很多孩子体育运动不足，部分孩子肌肉无力，平衡感差。严重的平衡感失调会导致很多问题出现，如：容易跌倒、站坐姿势不稳、手眼不协调、不能精准地取放物品等。有研究表明，平衡能力发育不良还会导致幼儿做事不专注，与人交往不融洽，严重的还会影响幼儿的逻辑思维能力、语言能力和动手操作能力的发展。所以，家长要注意通过训练，提高孩子的平衡能力。

案例中的林林多次不小心摔倒，从只有5厘米高的平台上跳下来崴了脚，不敢走平衡架等，都表明他的平衡能力发展得不好。从家庭教养情况可以看出，林林的平衡能力发展得不好与老人照顾太精细，不让幼儿做事和运动有关。现在林林已经是中班孩子了，教师和家长要抓紧时间引导他多进行平衡能力方面的练习。

（四）感统训练的心理小建议

1.保证平衡能力发育发展

平衡能力差的幼儿特别容易在跑动中，或者因为外力的冲撞失去平衡而摔倒、摔伤，所以在日常生活中，老师要特别关照这类幼儿。上下楼时可以让保育员引领和指导这类幼儿；在跑步、跳跃等集体运动游戏中，要注意给这类幼儿足够的时间和空间，降低任务难度，协助他们按自己的节奏和能力完成任务，避免受伤。

2.组织幼儿进行专门的平衡能力练习

（1）单脚站立练习

单脚站立，也叫金鸡独立，可以增强幼儿脚的稳定性和力量。开始时可以让幼儿靠墙单脚站立，之后慢慢增加难度，远离墙面单脚站立。练习的过程中可以配上儿歌或者音乐，增加活动的趣味性。此外，踮着脚尖上台阶也可以起到同样的练习效果。

（2）走直线练习

教师或者父母可以在一个比较开阔的运动场地上，画两条间距为20—25厘米宽的白线，让幼儿在两条线之间做行走练习，规则是行走时不要踩到白线。一段时间的练习之后，可以增加难度，把白线之间的宽度变窄，成为15厘米。这样由易到难，逐渐增强孩子的平衡能力。除了走直线，还可以让孩子前脚跟对后脚尖走，或者走平衡架、走马路沿等。随着孩子平衡能力的增强，闭着眼睛走也是增加难度的练习方法。

（3）双脚连续跳

让孩子的双手置于耳旁，类似兔子的姿势，双脚跳起前行，保持身体平衡。为了增加练习的趣味性，也可以配上音乐或儿歌。

（4）传统游戏

带着孩子玩跳房子、踢毽子、蒙眼走路、踩小高跷、跳竹竿、滚铁环等传统体育游戏，发展孩子身体的平衡和协调能力，也可以鼓励孩子进行跑跳、钻爬、攀登、投掷、拍球等活动。

3.充分利用幼儿园的多种器械让幼儿进行平衡能力的练习

幼儿园的老师可以协助林林在幼儿园玩诸如平衡车、滑板车、滑板、摇摇板、梅花桩、滚筒、独脚椅等器械，当林林在这一系列平衡运动器械上行动自如时，他的平衡能力就得到了提高。

（五）感统训练的具体操作方法

1.利用户外体育器材，锻炼孩子的平衡能力

目前，很多小区广场和游乐园中都有运动器材，家长可以多带幼儿走平衡架、站梅花桩、玩滑梯、坐转椅等，锻炼幼儿的平衡能力。尤其是平衡能力特别差，需要一对一保护和指导的幼儿，在父母的陪伴下练习的效果会更好。孩子都喜欢玩滑梯，其实滑梯是训练平衡觉的好工具，在下滑的过程中，幼儿的身体一

直在为保持平衡而做努力。另外,平衡架不仅是体育器材,还是感统训练器材,孩子走在窄窄的木板上面,会不自觉地将手臂打开,前庭器官接收到刺激并发出积极信号。

2. 带着孩子跳蹦床

很多家长不喜欢幼儿在床上蹦,其实蹦床可以训练幼儿的平衡觉、本体觉和触觉等。有条件的家庭可以给幼儿买一张蹦蹦床,帮助幼儿进行练习。现在大型商场也有蹦床等运动项目,家长可以经常带幼儿去活动,平衡感差的孩子一开始可能不敢跳,父母可以多鼓励。

3. 上下坡训练

在家里,家长可以用被子搭一个小坡,幼儿一定非常喜欢,上下坡有多种玩法。比如,走上去、爬上去,走下来、爬下来,正向爬下来、反向爬下来,倒着走下来……丰富的训练方式会让幼儿觉得刺激好玩,平衡觉也能够得到训练。

对于小、中班幼儿,家长可以在家里玩摇摇篮的游戏,将床单放在床上,让孩子躺在上面,然后父母分别拎着床单的两头,同方向摇晃床单,节奏可慢可快,父母也可边念儿歌《摇摇篮》:"天蓝蓝,海蓝蓝,小小摇篮像小船。左摇摇,右摇摇,前摇摇,后摇摇,小娃娃要睡觉。呼呼呼,呼呼呼,小娃娃,睡着了。"摇晃这个过程还可以增进亲子感情,融洽家庭关系。

4. 接送幼儿寻找练习机会

在保证安全的情况下,家长可以在接送孩子的路上带领孩子练习倒着走，走马路沿等，在生活中有意识地锻炼孩子的平衡能力。

5.培养孩子成为终生运动者

这将为孩子的身体健康和心理健康，以及性格和智力发展奠定良好基础。

重要提醒

01

身体健康和心理健康相互影响。身体不好的孩子对世界充满焦虑和悲观，难有自信。

02

榜样垂范，培养孩子养成终生运动的习惯。

03

错过感统训练，终身难弥补。

第 **8** 章

孩子的性别意识

父母的性态度，

决定孩子的性态度。

性别平等，

人权平等，

是性教育更重要的议题。

　　"性"不是成人专有，小宝宝也有"性意识"！这可不仅仅是弗洛伊德老先生的观点哦！弗洛伊德1905年提出"刚刚出生的小婴儿就已经有性快感了"，这一论点的提出简直成了那一年的丑闻，很多人认为弗洛伊德是在一张白纸上泼上了脏水，但随着口欲期、肛欲期等性发育阶段的被发现，越来越多的人认同这样一个事实：婴儿也有性快感。

　　虽然，这有可能让爸爸妈妈们窘促，爸爸妈妈很难想象自己一点点大的宝宝性快感会有哪些表现，尤其是当我们从书上或者专家论坛上听说，儿时的性意识和朦胧的性感觉将为婴儿成年后性的健康发展打下基础，或许就更难直面小宝宝的性快感。我们应当怎样应对孩子的种种令人脸红的表现和提问呢？是给予科学又坦率的解释，还是顾左右而言他？是厉声训斥，让孩子不再有"歪念头"，还是迅速转移孩子的注意力？本书最后一章，将针对0—6岁孩子的爸爸妈妈难于言表又异常重要的问题给出答案。

一、孩子不同阶段的性发展

　　孩子出生后，性的发展从未落后，性的发展一直与身体的发展、语言的发展、思维的发展、情感的发展等各项机能同步进行，并且也是有阶段、有顺序地发展起来的。心理学家弗洛伊德将人类的性心理发展分为五个阶段：口欲期（0—1岁半），肛欲期（1岁半—3岁），生殖器期（3—6岁），潜伏期（6—12岁），青春期（12岁开始）。当然，我们不必如此刻板地遵循这一时间，例如有的孩子口欲期会略有延迟，今天对青春期的定义也不是12岁那么严格。

（一）性心理发展分为五个阶段

6岁前孩子的性活动，经历了从口唇到肛门再到生殖器的三个阶段，性感觉朝着以生殖器为主导的方向发展，为青春期以生殖器为统治地位的性活动打下了基础。所以，6岁前的性心理发展是人一生中性心理发展的重要时期。

1.0—1岁半，口欲期

我们常常看到这样的情景：妈妈抱着婴儿，婴儿在吃饱乳汁后闭着眼睛睡觉，但嘴里含着妈妈的乳头，嘴角挂着一丝微笑，极度满足的样子。吸吮妈妈乳头的过程是孩子与母亲建立依恋关系的最佳途径，这时候是母子最为幸福的时刻。婴儿通过吸吮妈妈的乳头或奶瓶上的奶嘴满足食欲，体验刺激口唇带来的全身心的舒服与满足感，这样的快感就是婴儿获得最初的性体验，并被保存在了身体的记忆里。

婴儿通过吸吮妈妈的乳头、自己的手指或其他塞入口中的东西获得一种性满足，他甚至吮吸一切他想吮吸的东西！这个过程是人类性欲发展的第一个阶段。产科医生发现，其实口欲期在孩子出生以前就开始了，胎儿在子宫内就会吸吮自己的手指；出生后，便会吮吸妈妈的乳房；有时他们将周围有趣的东西都塞进嘴里，脸上出现一种很陶醉的表情，这时候，吮吸已经成为宝宝获得快感的一种方式。另外，男婴在吃奶时，吮吸妈妈的乳头，阴茎可能会勃起；同样，在更换尿不湿时，他的阴茎也有可能会勃起。而类似的情况下，女婴会摇动大腿，互相摩擦。

婴儿还通过手指、脚趾或衣袖、玩具等来满足自己吮吸的欲望。当婴儿吮吸自己的手指、脚趾，或者将整个小手放入口中搅和时，孩子还会兴奋、握拳和全身紧张，其脸部皮肤和身体皮肤会发红。孩子通过刺激自己身体的某个部位来获得性感受和性快感，而不再只依赖妈妈的乳头来获得性体验。

如果在口欲期孩子吮吸的欲望没有获得满足，比如孩子吃手指、吸吮毛巾或其他物品被严厉制止，孩子的吸吮欲望会延长，以至3岁后孩子对吸吮仍然充满热情。所以，不要阻止他往嘴里放东西，剥夺他的这种体验。

正确的做法是什么呢？尽可能地保证孩子将可能要放入嘴里的东西干净卫生，比如保持手部的清洁、抓握的玩具和绘本经常消毒等等。如果你觉得有些东西确实不卫生或者危险，应该在孩子发现之前就把它们藏起来。

2. 1岁半—3岁，肛欲期

肛欲期是紧接着口欲期后面的一个阶段，中国1岁半左右的孩子通常都接受了大小便的训练，随着身体的发育和有的家庭有意识的训练，宝宝的括约肌逐步发达，开始能在一定程度上控制自己的大小便。肛欲期的发展障碍会对以后的精神发育产生广泛影响，比如强迫人格的形成可能和这一时期有关。

可是为什么在进入肛欲期后，孩子会把大小便解在裤子里呢？为什么又会有肛欲期呢？

事实证明，一个肛欲期过渡得不好的孩子，可能导致肛欲期的延长。我在实际工作中曾遇到过两例非器质性因素导致的小学生热衷于把便便拉在裤子里发出难闻的味道，引发同学的厌恶的事件。

我们一起来看看肛欲期孩子的表现包括什么：

憋大小便，尿在或拉在裤子上。

研究自己的大小便，用小便画画，用手、木棍、筷子扒拉大便。

频繁地去厕所小便，但每次只有一点点，到医院检查却都很正常。

孩子逐渐喜欢上排便，喜欢体验性感觉，伴随着孩子憋尿、憋大便或者之后的释放，有部分孩子可能体验到性的快感：面红、出汗、全身紧张、颤抖等。

孩子掌握大小便能力的发展阶段：婴儿时期无序的大小便→被成人训练大小便习惯→练习自主掌控大小便→完全能够自主掌控大小便。

肛欲期的孩子处于"练习自主掌控大小便"阶段，这个阶段的具体经过是：憋大小便→体验憋不住的感受→在"憋不住时"到卫生间马桶上大小便。如果爸爸妈妈在孩子开始"憋大便或者小便"时，就让孩子"在适当的时候到卫生间马桶上大小便"，孩子会因为这个"憋"的要求未得到满足而感觉自己无能，产生自卑心理。成人能够在开会、上班时忍住不上卫生间，这个忍受力就是从肛欲期发展而来的。

孩子憋大便的一个原因是，大便的积累造成强烈的肌肉收缩，当大便通过肛门时，黏膜产生强烈的刺激感，这样的感觉不仅是难受，也能带来高度的快感。肛欲期一般经历2个月左右就会结束。并不是每个孩子都有非常明显的肛欲期表现。肛欲期的结束，标志着孩子的性心理向着下一个阶段——生殖器期迈进。

在这两个月中，如果成年人对孩子大小便的训练过于严苛，孩子就会感觉紧张和焦虑，增加心理压力，这样会扰乱孩子控制大小便的自然节律，而导致孩子更多地把大小便解在裤子里，肛欲期拖延的时间也就越长，孩子的性发展就出现停滞状态。

有些爸爸妈妈不懂得孩子肛欲期的表现，错误地对待肛欲期孩子。比如，对于孩子尿裤子或把大便拉在裤子里的事情非常生气，认为是孩子不听话、贪玩不愿意上卫生间引起的，便开始打骂孩子，希望结束这样的情况，或对孩子大小便的要求更加严格……

父母错误的做法将扰乱孩子自己控制大小便的自然节律，招致孩子更多的"报复"——将大小便解在裤子里的次数越来越多，肛欲期拖延的时间也就越长。有的孩子几个月甚至半年多都不结束肛欲期，有的孩子几年都处于尿裤子和将大便解在裤子里的尴尬与痛苦之中，这样孩子的性发展就受阻了。

3.3—6岁：生殖器期

生殖器期是孩子性发展的第一个高峰期。人们往往认为青春期的孩子才会出现性发展的高峰，其实人一生的性发展要经历两个高峰期，第一个性发展高峰是3—6岁，第二个性发展高峰才是青春期。

　　3岁以后儿童神经生理的逐渐成熟，导致孩子性欲增强，性心理发展迅速。孩子会表现出对于性的强烈好奇心：要求看父母洗澡，想摸妈妈的乳房；提出各种关于性的问题，以下是我在宝妈身上搜集到的这个阶段孩子的性问题：

　　"妈妈，我是从哪里来的？"

　　"女孩为什么蹲着尿尿，而男孩要站着尿尿？"

　　"我长大了可以和妈妈结婚吗？"

　　"为什么爸爸这么大了要和妈妈睡，我这么小却不能和妈妈睡？"

　　"为什么我有小鸡鸡，妈妈没有？"

　　"妈妈下面为什么会流血？"

　　"为什么妈妈的咪咪大，我的咪咪小？"

　　……

　　很多孩子还会玩结婚、生孩子、互相看或摸生殖器等各种性游戏；用手或其他物品摩擦生殖器，体验性的高潮，夹腿综合征就是在这个时期出现的。

　　孩子开始关注成人的身体，对性好奇！如果你习惯同孩子一起洗澡，被好奇心驱使，他可能想去触摸爸爸的生殖器，或者妈妈的乳房。你换衣服时他也会突然进门，看到你裸体的样子，他也会有很多疑问，为什么同样是"男人"，爸爸的生殖器同他的完全不同？一个小男孩也许会问住妈妈：她的阴毛后是不是藏着小鸡鸡，不然，妈妈干嘛会看不到鸡鸡呢？

这种现象符合孩子的性发展规律，别紧张，面对非常好奇的孩子，就算大热天，父母也不应该在家中裸奔了；另外应该和孩子分开洗澡，以免你们性器官的不同，令孩子的头脑发生混乱。如果他老是来摸你的敏感部位，你也不必恼怒，只需要告诉孩子："这是妈妈的隐私部位，一个人所有的隐私部位没有经过同意是不可以触碰的，也不可以暴露在公众场合。""我不喜欢你摸我的隐私部位，这让我很不舒服。"

同时，你也要告诉孩子，如果有一天，另外的人没有经过同意，随意触碰隐私部位，你要坚决拒绝。然后顺便给孩子普及人身体的哪些部位被称为隐私部位，为了让孩子清晰地知道自己的隐私部位，我们可以通过绘画和在自己身上贴贴纸的方式加深孩子印象。需要提醒父母的是，面对小宝贝们提出的各种性问题，父母首先得破除性的羞耻感。

这个时期的孩子还可能出现"恋父"或者"恋母"情结。某个时期，孩子会竭力排斥同性一方的父母，也可能在同性父母身上寻找认同感。有时他很需要爸爸的关注，就会担心妈妈来抢夺爸爸；另一些时候又希望得到妈妈全部的爱，千方百计抵制爸爸的"侵入"。

他们会出现各种各样看似无理的行为，有的孩子半夜醒来后推门进来，撞见父母很亲密的行为，令人无比尴尬；有的孩子坚持要留在爸妈的卧室里睡，躺在爸妈之间，隔开他们，一家人散步自己也要走在中间，好像这样一来，他就在"竞争"中获得了胜利。甚至他还声称将来要跟妈妈（或爸爸）结婚。当然，有时他也暗暗担心，自己动起小心思，他会不会因为"离间"了父母的关系而失去了父母对他的爱。

这种情况下安抚内心矛盾的孩子的唯一办法，是夫妻双方尽量去表达对孩子的爱，时常告诉他爸爸妈妈是很爱他的，同时异性父母应该减少和孩子的身体接触，使用语言来替代。例如，当你的小男孩跳上妈妈的膝盖，贴身寻找妈妈的乳房时，适当的做法是：不要指责他的行为，而是轻轻地拿开他的手，转移他的注意力，比如，向他提议做一个别的游戏。

另外要是夫妻间的亲密举动被孩子撞见，大人应平静地分开，立即把身体遮盖住，其中一方穿好衣服亲自送他回房，安慰他要自己睡觉。如果你做出惊愕的表情，孩子可能就会觉得惊恐，认为事情就像自己想象的那样：爸爸在欺负妈妈。所以，一定要打消孩子的疑惑："宝贝儿，爸爸妈妈很好，我们只是在做所有相爱的大人们都会做的事情。"然后，找一个独处的机会告诉孩子，夜里不要到处跑，如果做梦了或者口渴了需要爸爸妈妈帮忙的时候，最好敲一敲门，这样才是一个乖宝宝。放心，孩子会顺利地度过这个时期，到了7岁以后，他就会明白："我不能同爸爸（或者妈妈）结婚，但是他们会一直爱我。"

6岁前也是孩子性发展的幼稚期，孩子有很多幼稚的性活动。比如，在他人身体上摩擦生殖器，对生殖器进行自我抚慰的时候不回避他人，等等。因此，我们在看待幼儿的性活动时，不能与成人的性行为相提并论，更不能按照成人社会的性道德标准来看待孩子。

通过这些性活动发现自己身体的性感觉、性情绪、两性间的情感，是孩子自我认知的重要过程。

从口欲期到肛欲期再到生殖器期，折射着幼儿期性发展的基本过程。孩子在每个发展阶段，都需要完成本阶段的性发展任务，由此建构起孩子的性能力。其中性能力包含了个人的性价值观、性心理、性别认同、性生理能力等等。爸爸妈妈需要了解，孩子在每个阶段的性发展进程中，前一个阶段的发展为后一个阶段铸造了性能力的"基础模型"，如果前一个阶段的性发展受挫，会导致"基础模型"受损，为后一个阶段的性发展带来障碍。这就如同我们建构楼房，如果楼房的基础建构没有完成或者质量有问题，那么，在这个基础上建构起来的第一层楼房就不能够达到应该有的标准。以此类推，越到后来的楼层，存在的质量问题就越难以纠正，大楼可能还没有建构完成就坍塌了，即使建构完成，也是一栋岌岌可危的危房。

那么，爸爸妈妈该如何帮助孩子顺利度过肛欲期呢？

（二）"肛欲期"孩子的心理小建议

1.真正理解和接受孩子肛欲期的表现

爸妈和家人都要懂得孩子肛欲期的心理和生理发展规律，明白这是孩子性发展的一个阶段，不可以将孩子尿湿裤子或者将大便解在裤子里的事情作为话题说来说去，更不可以当着孩子的面说长道短。

2.不打断孩子正在进行的憋尿或者憋大便

如果成人对正在憋便的孩子说："你已经憋不住了，快去厕所啊！"或直接把孩子抱进厕所，强行按坐在马桶上，都会破坏孩子正在进行的体验。

3.正确看待孩子尿裤子，不羞辱孩子

当孩子将大小便解在裤子里时，平静温和地告诉孩子："宝贝，这不是什么问题，妈妈给你换上干净的裤子。"千万不要抱怨、耻笑、责骂和威胁："都这么大了还尿裤子！""你怎么这么笨啊！""其他小朋友怎么不像你一样尿裤子呢？""你再尿裤子，妈妈就不喜欢你了。"打骂和羞辱只会让孩子产生自卑心理，影响孩子的人格中自尊的建构。家庭里的所有成员都不可以这样做。

4.允许孩子适当地研究大小便

如果孩子自己玩大小便，父母不要强行打断孩子，可以告诉孩子不要将大小便涂抹到更大的范围。如果仅是孩子的手上沾上了大小便，父母协助孩子洗干净就可以了，不要斥责孩子不讲卫生，也不要以"肮脏""羞"等概念来训斥孩子。可以温和地告诉孩子，大小便中有细菌，如果不洗干净手上的大小便，会使身体得病。

另外，如果可以应该和幼儿园老师积极沟通，获得老师的支持。不少幼儿园"培养孩子好习惯的纪律"违背了孩子的发展规律。比如，上课时间不可以大便，午睡时间不可以大便，吃饭时间不可以大便，孩子大便时被老师催促，粗暴地处理孩子尿裤子等等。老师要理解孩子肛欲期的现象，允许孩子按照自己的需要自由地上厕所，平静地处理孩子尿裤子等事件，孩子才能顺利地度过肛欲期。如果无法取得老师的配合，可以让孩子暂时离开幼儿园，等肛欲期度过后再进入幼儿园。

肛欲期还有一个现象是这一时期的孩子开始触摸生殖器，这也是很多时候讲课会被家长问到的问题。孩子摸自己的生殖器是

正常现象，家长不必大惊小怪。宝宝可能会用像玩玩具一样的方式玩生殖器，在入睡之前，在洗澡的时候，在看电视的时候，在满足好奇心的同时体验快感和放松，就好像在轻轻摇动的摇篮中一样。同时，他可能还会经常在全家人面前光着身体走来走去，或者突然脱掉裤子，并且爆发出一阵大笑。很明显，他在等待大人的反应。应当怎样面对这个小"暴露者"呢？别紧张！很多妈妈第一次看到孩子这样做的时候，往往会很吃惊，有点不知所措。

其实，孩子没有做错什么，他只是展示了自己引以为傲的身体和性器官！因此，我们不应该斥责这个小"性暴露者"，而应该认识到，这是帮助孩子理解性活动的一个好机会。只要告诉孩子，不应该在公众场合露出或者玩弄自己的小鸡鸡；这是非常私密的事情，不应该打扰别人，别人也不想看你的小鸡鸡。但绝不要面红耳赤、大叫大嚷地命令孩子藏起自己的小鸡鸡，这样做会让孩子误认为性器官是令人羞耻的，所以才不能公开展示。我曾经亲眼在动车上目睹一个约3岁的小男孩一边吃薯条，一边用自己的右手拨弄自己的生殖器官，妈妈看到后重重地给了这个孩子一巴掌，然后跟孩子小声却严厉地说："羞，这是流氓的行为。"这位妈妈不知道，这一巴掌打掉的是孩子对性的好奇，从今以后这个孩子会认为性是羞耻的、丢脸的，那么这个孩子长大后又怎么去面对性的美好呢？正确的做法是，妈妈转移孩子的注意力，并悄悄告诉孩子性的私密性即可。

这也是教育孩子躲开性骚扰的好时机，应该选择简单明了的方法把信息准确传递给孩子：你的身体和小鸡鸡都是你自己的，要保护好它，不要露在外面，别人没有权利摸或者玩它。如果有

人想这样做，你一定要大喊："不可以！"当然，如果有机会，你
也要告诉他，如果他的小鸡鸡有些不舒服，医生给他检查时触摸
小鸡鸡是正常的。

（三）0—6岁孩子的性发展任务

1.胎儿期的性发展任务是性系统（性器官、性腺体）的健康发育

包括个体的内外生殖器及其相关腺体健康发展。所以，爸爸
妈妈的优生优育也关系到孩子性系统的健康发育，这是起跑线上
的第一环。

2.性别意识的发展

婴儿出生后就开始了对性别的认识，从父母的特质认知男人
与女人的不同，孩子在3岁左右确认并理解自己的性别——我是
男生还是女生。

3.性欲的发展

孩子早期的性体验从口唇开始，经历肛门的性体验，然后发
展到生殖器，最终形成以生殖器为统治地位的性欲方式。性欲的
发展为人类的繁衍进行着物质准备。

4.情感的发展

恋父恋母和孩子之间的"恋情"让孩子积累了处理异性情感
的经验，为人类的繁衍进行着精神的准备。

5.性的价值观雏形形成

在这个时期，爸爸妈妈向孩子传递的性价值观是孩子将来形成健康开明的性价值观的基础。6岁前孩子应该建立的性价值观是：性是自然和健康的。

6.建立起这一时期的性道德

6岁前孩子应该建立的性道德是：不可以随意暴露自己的身体隐私，别人要尊重自己的身体，自己也要尊重他人身体的隐私，性活动不可以在公共场所，要回避其他人。

孩子在完成每一个阶段的发展任务时，都需要获得成人的帮助，即使在胎儿时期，如果妈妈在怀孕期间有抽烟酗酒等对胎儿发育不负责任的行为，胎儿就有可能出现性系统发育畸形。对于已经出生的孩子来说，6岁前要经历更多的性发展过程，爸爸妈妈的帮助尤其重要。比如，孩子在经历恋父恋母的发展阶段，如果爸爸妈妈没有帮助孩子脱离恋父恋母，就会形成恋父恋母情结，给孩子下一个阶段的性发展带来障碍。这些都是爸爸妈妈需要注意的。

（四）幼龄阶段孩子性发展的心理小建议

1.幼龄阶段给予孩子充分的肌肤接触，让孩子获得安全感

幼小时，家庭是孩子主要的活动场所，该阶段是幼儿身高、体重和大脑发育的关键时期，学校和家庭需注重婴幼儿的营养搭配和作息习惯。这个阶段婴幼儿会调动视觉、听觉、嗅觉、味觉、触觉探索世界，所以在家庭教育中，爸爸妈妈都需要经常和

孩子有目光的对视，和他们玩耍，倾听他们的需求，这都是在给予孩子安全感。其中，敏感的皮肤接触会让婴幼儿感受到愉悦的情绪体验，建议爸爸妈妈尤其需要给予孩子爱和关注。例如经常给孩子拥抱和抚摸，以及洗澡时给予一定的按摩，满足他们对皮肤愉悦感的需求。

2.关注孩子的性兴趣，保障孩子的性健康

不同年龄段的幼儿性兴趣发展水平不同，在日常生活和课堂教育中，应对孩子的性兴趣给予正确的关注。关注孩子性行为的发展，例如当发现孩子在触摸生殖器官时，爸爸妈妈需要明白，这不是成年人意义上的"自慰"，孩子并不是"坏"或在做"错事"，触摸生殖器官的行为会让幼儿感觉舒服和放松，因而他们可能会试图重复这种行为。爸爸妈妈需要做的是尊重孩子的隐私，给予孩子正确的引导。

3.加强孩子性别平等教育，避免孩子形成性别刻板印象

0—6岁是婴幼儿受到社会文化、教育等因素影响，逐渐形成性别刻板印象的阶段。在日常生活与教学中，爸爸妈妈们应避免强化性别刻板印象而限制孩子个性与自我发展。事实上，一个具有兼性气质的人更有可能取得成功。不要经常说女孩子不能怎么样怎么样，男孩子应该怎么样怎么样。6岁之前的社会性别平等教育至关重要，家庭中成年人避免直接灌输价值观和对孩子的评价判断，应该努力给孩子提供尽可能多的选择，让他们在选择中发现自己的兴趣和发展潜能。例如，给男孩和女孩提供多样化的玩具供他们自己选择，不要以为女孩儿或者男孩儿应该喜欢什么

而给他们进行筛选。同时，也要跟爷爷奶奶强调，不要带性别差别教育孩子，避免性别刻板印象。

4. 正面回答孩子的性问题，满足孩子的求知欲

孩子对于个体的出生和怀孕，会随着年龄增长有不同的理解和好奇。爸爸妈妈在日常生活中，应当给予孩子正确的、积极的回应，避免孩子产生恐惧等负面情绪，不应该胡编乱造吓唬孩子。例如，告诉孩子是从垃圾堆里捡来的，这会带给孩子不安全感。孩子有权利获得相关的性信息，爸爸妈妈好的处理方式是尽可能回答孩子的性问题，并且用简单、简短、易懂和适合孩子年龄的方式回答。因为当爸爸妈妈回避幼儿的性问题时，他们可能会用其他方式去获取信息，而这些途径获取的信息可能是错误的，最终错误的信息会带给孩子负面影响。同时，如果回避孩子的性问题，孩子从父母这里得到的信息是"爸爸妈妈不愿意和我谈论这方面的信息"，这会阻碍以后亲子之间对"性"的讨论。另外回答孩子问题的同时和他们积极交流，有利于提高亲子关系的质量，也有利于促进婴幼儿语言能力的发展。当然，如果爸爸妈妈觉得自己没有能力解答孩子的性问题，就可以借助图文并茂的性教育绘本，这是孩子最乐于接受的。

5. 引导孩子的情绪表达，培养孩子的规范意识

孩子的情绪是该阶段非常重要的一种非语言表达，日常生活和教育中需要关注孩子通过情绪传达出的信息，给予积极关注。例如，当愤怒、委屈的时候，引导孩子如何通过更恰当的行为和语言表达出来，让周围的人理解自己的情绪；再如在游戏活

动中，当自己或他人不愿意交换玩具或者参与游戏时，如何表达拒绝和尊重他人的拒绝。注重引导孩子的情绪表达和培养孩子的规范意识，能为建立健康人际关系和培养社会性技能打下良好基础。

6.教会孩子生殖器官的科学名称，守护孩子的性安全

婴幼儿普遍会对自己和他人的身体好奇，尤其会对爸爸妈妈的生殖器官感到好奇。父母关注幼儿性安全和性健康的最好方法之一就是和孩子讨论性。其中，教会孩子生殖器官的科学名称是性教育的第一步。爸爸妈妈应该教给孩子所有身体部位的适当、科学的名称，有助于养成幼儿健康、积极的身体意象。比如，当有人说"小鸡鸡"的时候，家长可以告知孩子："这个部位的科学名称叫阴茎，小鸡鸡是它的小名。"父母教会孩子生殖器官的正确名称对预防幼儿性侵害具有积极意义，同时，能够正确称呼生殖器官，在性侵害事件中，幼儿将有更多机会得到更积极、广泛的来自成年人和社会的支持与援助。另外，还有一点，爸爸妈妈还需要教会孩子区分好的身体感觉和不好的身体感觉，当有不好的身体感觉时，一定要及时告诉信任的成年人，以及不能让别人触摸自己的隐私部位等等。

二、男孩爱闹腾，女孩说话早——孩子的性别差异

有的妈妈跟我吐槽："邻居家小女孩跟我儿子都是两岁多，人家小姑娘说话可利索了，还乖巧伶俐，特别招人喜欢！我儿子倒好，说话还一个字一个字地蹦呢；而且，每天上蹿下跳跟养个猴

子似的！闹心死了，真想换个女儿！"

还有周围养儿子的妈妈好像普遍更焦虑一些，尤其是在孩子很小的时候，跟小姑娘比起来，总感觉自己的儿子"说话晚""笨笨的""钢铁直男不会哄人"……

其实，这种现象特别正常，男孩和女孩的一些差异，从胎儿时期就已经形成，可以说是天生的。男人和女人生来就是不同的。男性通常比女性更高、更重、更强健，然而令人不可思议的是，女性却更长寿。虽然生理上的性别差异十分显著，但心理上的性别差异却并不如我们想象的那么明显。

比较研究发现，人们常说的那些性别差异往往是性别刻板印象，仅有四项微小但可信的性别差异得到了研究结果的印证。

男孩会更多地成为攻击者和被攻击者，特别是身体上的攻击，即使在早期社会性游戏中也是如此。从两岁开始，男孩的身体攻击和言语攻击就多于女孩；在青春期，男孩卷入反社会行为和暴力犯罪的可能性是女孩的数倍。但是，女孩却更容易以隐蔽的方式向他人表现敌意，如冷落他人、忽视他人、孤立他人、故意破坏他人的人际关系和社交等。

与女孩相比，男孩不善于用成熟的思考来替代冲动行为；女孩在幼儿园有可能通过练习改善她们的表现，而男孩则不能，在行为的自我控制能力上，男孩远比女孩差。

在活动水平方面，甚至在出生之前，男孩的身体活动就比女孩活跃；而且在整个童年期，特别是在与同伴的交往中，男孩都一直保持着比女孩更高的活动水平。这有助于解释为什么男孩比女孩更有可能发起和参与打闹游戏。

（一）男孩女孩大不同

1. 言语能力

女孩的言语能力优于男孩。女性的大脑对于语言的加工会更加缜密，所以女孩通常比男孩说话要早，而且表达能力更好。幼儿阶段，她们更早地说出句子，内容也更长、更复杂，表达得更流畅。进入小学后，女生在阅读和写作上的成绩通常也比男生好。在中学阶段，这种优势显著增加，包括词汇、阅读理解和言语创造性。

2. 视觉—空间能力

男孩的视觉—空间能力优于女孩。所谓视觉—空间能力，是根据图片进行推理或在心理上操作图片的能力，表现在从不同角度识别相同图形、二维或三维物体和确定目标物等活动中。法国一项针对两岁孩子的对比研究显示，21%的男孩可以用积木搭出一座桥，而只有8%的女孩可以完成这项任务。男性在空间能力上的优势虽然不大，但在4岁时就已经有所体现，这种空间能力上的优势从幼儿时代一直到成人阶段都有明显的表现。

另外，在视觉上，一些研究表明，男性的视网膜对于运动的物体更加敏感，而女性的视网膜则侧重在色彩和纹理方面。因此，女孩子喜欢用明快的色彩画花和蝴蝶，男孩喜欢用灰暗一些的颜色描摹汽车或太空船。

3. 数学能力

从青春期开始，男孩在算术推理测验上表现出了相对于女孩的微小但持续的优势。女孩在计算技能上优于男孩，但男孩掌握了更多的数学问题解决策略。男孩在数学问题上的优势在高中阶段最为显著，也有更多的男性在数学上表现出了惊人的才能。似乎视觉—空间能力和问题解决策略上的性别差异共同促成了算术推理能力上的性别差异。也有一些专家在研究中发现，并不是女孩学不好数学，而是她们的老师不相信她们能做得同男孩一样出色。在理科方面女孩被寄予的希望值较低。

上面说到的这些差异，反映的是"群体的平均情况"，并且男女在言语、空间和数学能力上的差异是非常微小的，甚至有可能在某些国家和地区并不存在。

男性与女性在心理上的共性远远大于差异性，即使是那些得到了最有力证实的差异也是非常有限的。所以，我们绝不可能仅根据一个人的性别就正确地推断出他的攻击性水平、数学能力或者情感表达能力。只有在计算群体的平均水平时，性别差异才会出现。

（二）养育不同性别宝宝的心理小建议

了解了男孩和女孩与生俱来的差异后，男孩的妈妈们是不是没那么焦虑了呢？当然啦，上面所说的这些男孩和女孩的差异，只是一种普遍性的差异，并不是适合所有的男孩女孩，男孩里也有安静乖巧，女孩也有疯狂能闹的，不能一概而论！

但无论是男孩女孩，孩子总是千差万别的，我想，我们自己能够做到的，就是尊重并且接受这种差异，接受他的不一样，接受他的不完美……正确引导孩子，给孩子更好的成长空间。同时也应该针对孩子当中的性别劣势，进行适当训练，让他们克服性别劣势，成长得更好。

1.让女孩面临挑战，让她们更加勇敢

很多爸爸妈妈害怕孩子吃苦，害怕孩子委屈，在对孩子的教育上，有意识无意识地人为地强化了很多孩子的性别行为差异。比如，当女孩抵触某项挑战，比如体育运动，比如心理恐惧的时候，爸爸妈妈绝大多数不会像对男孩的态度那样去推动她尝试。但在实际生活中，如果没有这种外界的推动去逼一逼，女孩们往往就会退缩，很多时候就丧失了那些她们完全有能力完成的挑战和提高。这样从长期而言，从孩子的一生来看，对她并不是一件好事，有的时候，无性别差异的鼓励，克服心理恐惧的挑战，会对她的一生产生十分积极的影响，以后人生路上遭遇困难、挫折，她就不会以"我是女生，我本来就比较弱"来为自己找退缩的理由，因为从小爸爸妈妈都告诉她，无论男生女生都要勇敢，都要敢于挑战。

2.关注男孩的情感情况，给予同样的温柔爱心

从性别的角度，孩子可分为两类：男孩和女孩。但是在实际生活中，男孩有很多种，女孩也有很多种，而每一种都会有不同的性格和需求。但是由于对孩子性别的刻板印象，对男孩的教育中，爸爸妈妈们往往忽视对男孩的爱抚和交流。其实男孩比我们想象得需要更多的身体接触，当他们还小的时候，可以在需要的时候提出要求。但是如果他们长大一些了还想要抱抱，大人们就会觉得不舒服，担心男孩没有男孩的样儿。而在父母的这种态度下，男孩也就渐渐不再提要求了。而当他们试图在同伴身上表达需求时，又会被大人看成有侵略性而加以制止。

3.遵循男孩女孩的发展差异

1岁前，孩子还没有什么性别意识，父母并不需要提前对他们的性别性格有所界定。

1—2岁，不要过分强调男孩的语言能力，注意其活动安全。男孩语言能力发育较晚，通常，女孩在1岁左右时，就能说出很多单音节字和双音节词；而男孩可能只会说些单字。这是因为男孩的语言中枢神经长得本就慢些，所以在1—2岁时，他能说20个左右单字就行。日常，或许孩子听不懂大人有些话的意思，即使遇到孩子没反应，也要多和他交流，如果想引起他的注意，可以用动作来表达。另外，男孩子生性较淘，从能爬能走时，就要严防意外，扫除家里的安全死角，比如拐角放家具，桌角无防护等，还要防止男孩子爬高摔伤。

2—3岁，男孩多防传染病，女孩多防免疫疾病。宝宝们有了一定的"性别意识"，男孩子更加冲动，女孩子更加细腻。这个阶段不要过于约束其行为，顺其自然。此外，两岁半到3岁的孩子易生病，男孩易得传染病，因此去人多的地方要注意防护；女孩患免疫性疾病的可能比较大，爸爸妈妈应多注意这方面的信号。

3—4岁，男孩多做智力游戏，女孩多做体育运动。此时"性别特征"更加明显，男孩一般会特别淘，女孩子则变得胆小内向。这时爸爸妈妈就不能像两岁左右时再听之任之了。应该针对孩子的性别发展规律进行适当训练，克服性格中的劣势，比如让男孩子多接触有挫折感的智力游戏，让女孩子则多参加体育活动，增加安全感。

4—5岁，加强孩子的自我保护意识。这一时期，爸爸妈妈应

271

对孩子加强"性生理"教育，提醒他们"不能让别人看到自己的身体"，懂得如何保护自己；平时教育孩子注意卫生：上厕所前洗手，不要叉着腿坐，别穿太紧的衣服，以免给私处留下健康隐患等等。

三、我是男孩还是女孩——孩子的性别认同

（一）孩子的性别认同

一位幼儿园老师曾咨询我："我们班的一个小女孩，每次上厕所小便时，她都要站着尿。我跟她说，女孩子要蹲着尿，她就宁愿憋着也不去撒尿，后来实在憋不住了，才去厕所。"她说，同样的情况是幼儿园里也有男孩学女孩蹲着撒尿。

有一次在微信里，也遇到一位妈妈提出了一个问题，她最近发现6岁的儿子喜欢上了女孩子的衣服，他开始羡慕那些穿漂亮裙子的女孩，而且在家里喜欢偷偷穿妈妈的高跟鞋，在与妈妈聊天时也悄悄地说希望自己是个女孩，这种情况让妈妈开始不安，询问我该怎么办。

女孩站着撒尿（或男孩蹲着撒尿），这说明孩子还不确定自己到底是女孩还是男孩，处于性别认同的建立期，需要家庭和学校及时、正确的引导。对于大多数孩子来说，成为男孩还是女孩是很自然的事情。在出生时，会根据身体特征为婴儿分配性别，这是指孩子的"生理性别"或"指定性别"。同时，"性别认同"是人们对自身的内在感觉，这是由于生物学特征，发展影响和环

境条件的相互作用而产生的。这可能是男性、女性，介于两者之间，或者两者兼而有之。

很多家长对孩子性别意识发展和认知障碍很苦恼，其实爸爸妈妈可以在儿童早期通过多种方式促进儿童健康的性别发展。它有助于理解性别认同及其形成方式。

性别认同的自我认知与孩子的身体成长一样随着时间的推移而发展，大多数儿童的性别认同与其分配的生理性别是协调一致的。但是，对于某些孩子来说，他们的生理性别和心理性别之间的匹配还不清楚。

性别认同的第一步是区分男性和女性，并把自己归入其中的一类。孩子刚生下来是不可能知道自己的性别的，幼儿性别认同有一定的规律。

（二）宝宝的性别认同规律

2岁左右，孩子开始注意到性别的不同，进行最初的性别认同，但水平很低。

2.5—3岁，大多数孩子已能正确说出自己是男孩或是女孩。不过，这时他们还不能真正明白男女的不同，对性别的理解只是外部特征层面的，不能认识到性别是不变的属性。例如，许多3岁的孩子认为：如果他们真的愿意，男孩可以成为妈妈，女孩可以成为爸爸；一个男孩穿上裙子，他就变成女孩。这是因为孩子和成人在性别认同的线索上存在差异。成人依据的顺序是：生殖器官—身体轮廓—服饰头饰。孩子依据的顺序是：发型（尤其是头发长短）—服饰—生理特点。这种差异导致他们不能认识到生理性别是恒定不变的。

4岁，孩子对性别的意识开始丰富。如果我们向一个4岁的孩子提问："当你还是婴儿时，你是男孩还是女孩？"当你长大后，你会当妈妈还是爸爸？"结果发现，4岁以后的孩子已经能正确回答，他们认识到自己的性别是稳定不变的，不随年龄、情境的改变而改变。

5岁以后，孩子真正开始了解两性的差异。他们知道除了外表的不同外，还包括生殖器官的不同。如果你问他们，男生和女生有什么不一样，最常听到的答案可能是"男生不可以穿裙子""女生可以留长发"等。但如果你一直追问，他们会有些不好意思地告诉你："男生有小鸡鸡，女生没有。"由于理解加深，这时的孩子对性别开始敏感起来，懂得不好意思和回避了。

5—7岁的孩子知道一个人的性别是不会因为穿异性的衣服、从事异性的活动而改变的。他们能够真正理解性别具有跨情境的恒常性。所以到上小学时，大部分孩子都已经形成完整的、稳定的、以未来为指向的性别认同。

（三）性别认同障碍

在孩子成长过程中，如果没有建立起良好的性别认同，也有可能发展成为性别认同障碍。

曾经有一位来访者，讲述了自己的经历："我出生时是个男孩。小时候，父母都忙生意，我由外婆一个人带。外婆特别喜欢女孩，总在我面前说女孩文静、漂亮、招人喜爱，让我穿粉色的衣服，戴小首饰，还给我留长发……从小学到初中，我越来越觉得自己应该是个女孩，不仅穿衣打扮，连说话的语气神态也像足了女生。同学们都在背后叫我'娘娘腔'。工作以后，我越来越痛恨自己的男性身份，几经考虑，我还是非常想做变性手术，但是我的家人强烈反对。"

小男孩从小被外婆以养女孩的方式养大，心理上认为自己是女性，这属于性别认同障碍。最后，这个男孩不得不通过手术来改变自己的生理性别。

目前有一些主流观点认为性别取向是天生的，但就像自闭症的成因一样缺乏足够的证据支撑。我个人也在临床咨询中不时遇到性别少数人群，我也会向他们寻求答案，他们几乎全部认为"似乎天生"。我只能说，性别取向是天生和环境的交互作用而产生。

正常孩子在3岁左右即可识别自己的性别，性别的差异随年龄增长而更加明显，即使在相当中性的环境下长大也会如此。但有些孩子对自身性别的心理认识、言语行为却与自己的生理性别相反，即在穿着和行为爱好上像异性或坚决否认自己的生理性别，这被称为性别认同障碍。

儿童、青少年或成年人对于性别认同障碍的外在表现是不尽相同的。但是我们反对将一个处于儿童时期的孩子贴上任何标签，因为心理性别本来就有一定的流动性，但是一旦进入成年期，如果有下列选项的4项以上，则可以确定自己的性别取向。

（1）反复阐述自己想成为另一性别，或坚持认为自己是另一性别。

（2）男孩喜欢换穿女装或艳丽的女性盛装；女孩则坚持穿典型男性的服装。

（3）在假扮游戏中强烈而坚持地偏爱另一性别的角色，或坚持幻想成为另一性别。

（4）强烈希望参加典型的另一性别的游戏及娱乐。

（5）强烈偏爱另一性别的游戏伙伴。

这一倾向如果在青春期前就已经十分显著，只能说明这个孩子性别认同障碍的可能性较大，但也不能绝对，直到成年我们才可以确定下来。

（四）孩子性别认同障碍

孩子性别认同障碍的产生与先天有关，与家庭因素可能也有关系。尤其是在以下提及的高危家庭里长大的孩子对自己的性取向容易产生混淆，但是产生混淆并不代表他们就是同性恋或双性恋。

不和睦、太严厉的家庭。不管是我还是我的同行，我们都非常清楚，成长于不和睦家庭的孩子性格往往存在不同程度的缺陷，要么叛逆偏激，要么固执怪异。这类孩子在家庭的压力下无法正确完成性别认同，可能会把投射在父母身上的反感厌恶，转化为对某种性别或者婚姻的偏差态度。

我曾有一个女性来访者，因父亲常年出轨，导致她对婚姻和男性不抱任何希望，偶尔会和另外的女性保持性关系；但我们都知道，她绝不是同性恋或双性恋，因为她也会对异性怦然心动；但是心动后立刻会自我怀疑，以至于她无法进入和异性的亲密关系。这些其实都和她的家庭有密切的关系。

比如，有的家长，特别是爷爷奶奶辈出于对女孩或男孩的偏爱或其他原因，将自己家的孩子"装扮"成另一性别的孩子。长期"异性打扮"，会导致孩子产生性别认同混淆和冲突。尤其当孩子成长到青春期，第二性特征陆续出现，心理上更容易产生困扰。

同性别认同障碍相关的现象还有同性恋行为。以调查研究为前提，人们设想同性恋形成方式可能是：具有同性恋遗传因素（许多人趋向于承认其存在）的孩子自幼生活在有利于同性恋形成的环境之中，最后形成同性恋。不具备同性恋遗传因素的孩子处在有利于同性恋形成的环境之中，或具有同性恋的遗传因素而处在不利于同性恋形成的环境之中，最后都不能形成同性恋。所以说性取向其实是生理、环境和心理三者的综合因素共同作用的。

（五）性别偏差的心理小建议

其实对于案例中孩子所出现的情况，父母不必过多焦虑，除了少数孩子先天的原因之外，父母们都可以通过性别认同的教育，让孩子度过这种对异性好奇的阶段。如果说遗传的因素是不可控的，那么，环境就是我们可以创造和改善的。

孩子的性别认同受父母的影响最大，在这个时期父母的言谈举止时刻在影响着孩子性别意识的觉醒。所以父母双方平日里都要注重陪伴孩子，我们特别呼吁父亲要多参与养育，特别是3岁开始父亲的角色日益重要，父亲除了能带给孩子更多的独立意识，也能帮助孩子识别自己的性别。

有经验的妈妈都知道，女孩子从3岁开始就对妈妈的各种女性用品感兴趣，比如悄悄使用妈妈的口红，穿妈妈的高跟鞋，希望妈妈将衣服留着给自己长大后穿。这是孩子正在进行身份认同，从而确认自己的性别。

在平时的生活中，当孩子遇到其他孩子的时候，如果他讲出了其他孩子的性别，或者是在你的询问下说出了正确的性别的话，你要鼓励孩子。这是一种很好的自我认识的方式和渠道，对于孩子的认知能力和性别认同能力来讲，十分有好处。

同时，爸爸妈妈要做好自己的性别角色，给孩子做好榜样。父爱如山，母爱似水，父母不同的性别特点也是孩子建立性别认同所依照的榜样。

另外，爸爸妈妈还要注重孩子的群体性交往，孩子的社会化发展必须要通过与其他孩子的交往来实现。其中，孩子也在不断地了解不同性别之间的差异，他们在同性中会找到自己性别角色的归属；而通过对异性的了解和好奇，也会让孩子的性别角色更加明确。

社会规则定义了"男性气质"和"女性气质"，比如男性就应该勇敢、坚强，女性就应该温柔、细腻。但是我们仔细想想，其实男性也可以温柔细腻，女性也可以勇敢坚强。我们主张一种"兼性气质"，这种"兼性气质"的培养，使得孩子们的性格能兼容并包，更加全面完善，这种多元的气质，也更有利于未来学业和事业的发展，实现真正的性别平等。

对于性别少数人群，可能今天仍然会有家长完全不能接纳。每个人都有自己的价值观，我无意改变父母们的价值观；但作为一名心理学工作者，也希望如果你不接受性别少数人群，但至少能够做到不歧视。如果你的孩子成人后确认自己是性别少数人群，也请父母们一定要接纳和尊重他的选择，他在家庭以外的地方可能会遭遇歧视，如果连父母也不能接纳自己孩子的性别取向，孩子的生存空间就会很小。

如何判断孩子是不是同性恋或者性别少数者，这一内容我们将放到《一看就懂的育儿心理学（中学阶段）》。

总之，正确对待儿童的性好奇与性疑问将贯穿孩子教育的始终。父母在面对儿童的性游戏、性问题时不回避、不压制、不胁迫、不谩骂、不耻笑，使用科学用语给幼儿以最简单的道理和幽默浅显的讲解，如果父母们对孩子讲解的性知识没底，那就交给更专业的人吧。

四、我从哪里来——如何回答孩子提出的性问题

（一）如何回答孩子提出的性问题

3岁的小女孩问爸爸自己是从哪里来的，爸爸告诉她从超市里买回来的。晚上女孩和爸爸妈妈去超市买东西的时候，看见推着小婴儿的妇女，跑过去问："阿姨，小妹妹是从哪里拿的，我也想买一个。"

某电视台曾做过"我从哪里来"的调查，被调查对象年龄涵盖1940—1990年出生的人。记者采访的近200人中，竟有85%的人被父母告知是捡来的。一些网站也为此发起投票，吸引数万名网友参与，结果显示，近70%的网友被父母告知是"捡来的"。

有网友回忆说："自从我知道自己是被父母从垃圾箱捡来的后，每次走路看到垃圾箱就远远地躲开，生怕父母把我送回去。因为每次我做错了事，他们老是拿这句话来吓唬我。""我小时候

常常会在父母对自己严厉时悲痛欲绝地想：我的亲生父母在哪儿啊？他们一定不会这样对待我吧？"

其他的古怪答案还包括：从石头缝里蹦出来的；从胳肢窝掉出来的；被洪水冲来的；李子树下结的；白菜里长的；充话费送的……最难以接受的答案是"像大便一样拉出来的"。这些"胡说八道"往往会使孩子深感不安，害怕随时又被丢回马路、厕所、垃圾桶，甚至觉得生命的诞生是肮脏的、可怕的。

西方社会对孩子的性启蒙教育较早，而中国学校和家长都羞于对孩子谈"性"，遮遮掩掩，甚至谈性色变。性教育越早开始越好，最晚也必须在孩子开始提问时进行，这是性教育的一个最好契机。

大部分幼儿在3岁左右就会对"我是从哪里来的"这样的问题感兴趣，随着年龄的增大就会提出一系列与性有关的问题，比如："为什么妈妈的乳房比爸爸的大？""男孩有小鸡鸡，女孩为什么没有？"

孩子在问这个问题时代表着孩子的自我意识开始觉醒，对世界的认识不再停留在表面，对更深层次的东西感到十分好奇。寻求答案是他们认识世界的一种方式，自己是从哪里来的更是让宝宝们感到疑惑，好像只有明白了自己存在的原因，才能去解开下一个奥秘。

其实，儿童提出性问题是很正常的现象，家长要理智面对，可用孩子能听懂的通俗语言简单地讲解。如果实在答不上来，则要如实地告诉孩子："这个问题妈妈一时也答不上来，我看书找到答案再告诉你好吗？"孩子本身就是一张白纸，全靠父母在其上"作画"才能让白纸体现出用途并展现其效果；当然，在这重要的时刻，父母的"画技"则起到重中之重的作用，父母的每一句话、每一个动作都将会是孩子这张白纸上重要的一条线、一个圈。哪怕是孩子的一个小问题，父母千万不能匆忙应付，一笔带过。说话者轻松脱口而出，殊不知听话者已牢记心头，甚至一生都会存在疑问。

父母甚至担心孩子为什么会关心起"性"这个话题，孩子一问就会马上制止、生气。例如，孩子刚提出这个问题时，妈妈就马上给孩子一记耳光，并严厉地说："今后不许再提这种傻问题，羞死了！"这样会使得孩子觉得，性问题是傻问题，不能讲也不能问。孩子长大后，会把性看得很神秘，进而产生强烈的探究心理，从而过早地设法感受性的体验，或认为性是可耻的，导致性心理障碍与恋爱、婚姻的挫败。

父母一味回避、遮掩、制止，只会更加激发孩子的好奇心。现在孩子的信息来源非常丰富，你不给他开一扇门，他就会去翻另外一扇窗。如果不能从正当途径了解相关知识，势必会从书籍、网站或者同伴的讨论等途径去寻找答案，风险将更大。

其实，3—6岁的幼儿处在一个对客观世界充满好奇、探索的阶段。他们好奇：树叶为什么会落下来？猫为什么能从很高的地方跳下而不受伤？天为什么是蓝的？人为什么要吃东西？而"我从哪里来"这个问题，对他们而言只是令其好奇的无数问题中的一个。孩子问性问题，多半是为了寻找归宿感，希望知道自己有"正确"的来源，而且深受关爱。

（二）回答孩子性问题操作流程建议

建议爸爸妈妈们分阶段回答孩子的提问。"我是从哪里来的？"几乎每个孩子都会问这个问题，也是大多数父母觉得不那么容易回答的问题。能够回答"你是妈妈生出来的"的父母已经算是有勇气的了。但是，除了这个问题外，连带的后续问题还会在当时或以后被问道：怎么生出来的呢？从哪儿生出来的呢？生之前我在哪儿？精子怎么碰到卵子的……面对孩子一连串天真无邪的问题，父母往往不知所措。

现实生活中好多爸爸妈妈的回答，说孩子是"捡来的""要来的"会伤害孩子的心灵。大一点的孩子可能会意识到父母在撒谎；而小一点的孩子，往往就相信了父母的说辞，指不定自己正躲起来黯然神伤呢。建议爸爸妈妈根据孩子的年龄情况，分阶段回答孩子的问题。

1. 分年龄阶段回答孩子的问题

面对幼儿的提问："妈妈，我是从哪儿来的？"我们建议父母们使用绘本，形象生动又一目了然。我记得我的孩子3岁的时候也问过我这个问题，我拿出绘本，她知道了精子像小蝌蚪，知道精子遇到卵子就会形成一个新生命。

对于一个3岁的小朋友而言，他一定不会继续追问了，所以我们回答孩子的性问题有一个原则就是：孩子问到哪里，我们答到哪里。

后来等到我女儿小学四年级的时候，她再次问了我这个问题："妈妈，我究竟是从哪里来的呀？"我说："爸爸的身体里呢有一种东西叫精子，妈妈的……"我话还没说完，女儿不耐烦地说："哎呀，爸爸有精子，妈妈有卵子，精子遇到卵子就有我了嘛，但是它们是怎么遇到的嘛？"这个时候我就需要直面这个问题了。

　　我相信大家对我的回答会很好奇，但是这个问题可能孩子进入小学你才会遇到，所以我给大家卖个关子。这个回答我会放到《一看就懂的育儿心理学（小学阶段）》中。不过，这里有一个小诀窍，我们不回避性问题，但也绝不是直白粗暴地给出答案，而是在回答中让孩子感受到性是和爱、责任等紧密相连的。

　　科学而巧妙地回答孩子提出的各种性问题，这样不但满足了孩子的好奇心，也拉近了你和孩子的心理和情感距离，更让他懂得了他是爱的结晶，在父母的心目中是多么重要。这一点会让孩子更有安全感，会对他的人格形成、性心理发展起到重要的作用。

2.回答孩子问题时的原则

　　小孩子都是很单纯的，当他对世界的认识并不深的时候，他是绝对相信爸爸妈妈的，这种信任甚至是盲目的，所以尽可能不要欺骗他！对于所有的事物，小孩子的思维是奇妙的，有时候根本没因果联系，所以当他提出的性问题在你看来超出其年龄范畴的时候，不要大惊小怪，不要高估，先从他的角度想一想，问问他为什么想到问这个问题。爸爸妈妈们在回答孩子的问题时应该遵循以下的原则：

　　孩子有问题，父母要回答。这是与孩子交流性话题的最好时机。尽量不要回避、转移孩子的话题，否则会加重孩子的好奇心，反而会激起孩子通过网络、书刊等其他途径自行探索。更不要把孩子所提的性问题上升到道德层面，打骂、羞辱孩子，给孩子带来恐惧、焦虑，加深其罪恶感，影响他对性的正确认识，甚至形成性心理障碍。

孩子问什么，自己答什么。爸妈们要用孩子的年龄段能听懂的语言简单地讲解，让孩子能够听得明白。不要在答案中提到更多孩子不能够理解的新概念，因为孩子听不懂这些词语，他们会继续问"什么是性交"，这会让自己陷入困境。孩子不继续发问，说明孩子对这个问题的疑问和理解暂时到此为止，我们就不要继续讲解。也就是有问才答，无问不说。孩子没有主动提出，父母就没有必要主动挑起话题。父母不需要一次把整个生育过程完整、详细地讲出来，应随着孩子年龄的增长、生理和心理的成长逐渐推进。

结合国情，适可而止。单纯把"性教育"等同于"性知识讲解"，这是一种错误的认识和做法。我国不同于西方，我们的"性教育"可以借鉴国际先进的模式，但又必须考虑到中国文化。对孩子提出的性问题，不讳莫如深，但也不应进行详尽的、技术性的回答，尽量用科学的语言去描述，以免对孩子造成不好的影响。孩子一问到"出生"，幼儿的父母不用讲到"阴茎""阴道""做爱"，但是到了青春期，我们也不必隐瞒。

我每一年也在做幼儿、儿童和青少年的性教育夏冬令营，幼儿阶段的性教育，主要应包含以下内容：

认识身体。包括男生女生身体部位的不同。

身体红绿灯。认识身体的隐私部位。

我的身体我做主。教孩子们保护身体，如不经自己允许别人不能触碰隐私部位，不在公开场合暴露自己的隐私部位。

五、男孩摸小鸡鸡，女孩夹腿——正视孩子的自慰

（一）正视孩子的自慰

俊俊还不到4岁，却总是喜欢偷偷摸小鸡鸡，有时候在床上，有时候在沙发上，并表现出很舒服、很享受的样子。父母刚开始也没太在意，可现在他当着大人的面也总摸。

婉婉5岁多了，躺在床上或椅子上的时候，趁爸妈不注意，有时会两条腿紧紧地夹在一起或叠在一起，腿伸得很直，脚绷得很紧，小脸憋得通红，就这么保持着，少则五六分钟，多则20分钟……

不少妈妈反映："我的宝宝爱抓'小鸡鸡'，一开始我们大人也没把它当成什么问题，都是一笑而过。"有的妈妈说："宝宝开始抓'小鸡鸡'，有的大人觉得挺好玩挺搞笑的，有些时候还跑过去摸宝宝的鸡鸡。"还有的妈妈说："看到宝宝抓'小鸡鸡'那一刻非常惊恐，我赶紧把宝宝的小手拉开，但宝宝又使劲拉扯好几次，宝宝这么小就这样了，长大怎么得了？"

其实妈妈们看到自家宝宝的这些举动，用手摆弄自己的生殖器，或两腿交叉夹紧并上下移动摩擦，或在家具的棱角上摩擦生殖部位，或骑在沙发、枕头、毛绒玩具等物体上扭动身体……在摩擦的同时，可能脸通红，两眼凝视，表情紧张而愉快，并常伴有出汗、轻声的哼哼和不规则的呼吸声，一般每次三五分钟到一二十分钟不等。

这些都是低龄婴幼儿的手淫行为的表现。这里手淫一词，包

括反复用手或其他物品搓揉生殖器官、乳头、肚脐身体等部位，或通过夹腿挤压生殖器以获得性快感的行为。该词仅仅是对这些行为的描述，不带任何道德评价和社会态度。

小宝宝拉扯揉搓小鸡鸡不光是为了好奇或者好玩，主要是他们从这种行为里获得了快感。一部分婴幼儿在手淫的时候甚至还获得高潮，表现为脸红、喘气、眼神空洞、浑身僵直颤抖……看起来好像和成人也没有什么不一样。科学研究，3岁以内低龄婴幼儿时期的小孩就会有手淫现象了。不要以为只有男宝宝有"自慰"这个行为，一部分女宝宝也有，学名叫作"小儿夹腿综合征"。

小儿夹腿综合征，又叫作"习惯性阴部摩擦"，这是宝宝通过摩擦双腿引起兴奋的一种行为，常见于婴幼儿，最小2个月大，最大7至8岁，1—3岁为高发期，而且女宝宝的发病率高于男宝宝。宝宝夹腿的时间大概会有几分钟，有些时候会持续更久，一般几天会出现一次，少数宝宝可一天出现几次。

3—6岁的宝宝手淫其实是正常的。幼儿性的发展和其他行为的发展是平行的，性心理和性行为的发展不是到了青春期才突然出现，而是在孩子很小的时候就开始了。3—6岁是孩子性心理发展的第一个高峰，青春期是第二个高峰。

从婴儿期开始，孩子就会探索自己的生殖器，就像探索自己的手、嘴巴、眼睛、鼻子等身体其他部位一样。孩子最初的快感体验可能是无意的，其强度也往往较弱，反反复复就会得到强化。孩子发现，抚摸生殖器带来的快感往往比其他部位强，所以他们会给予特别的注意。不过这完全是一种正常的现象，就像孩子摸摸鼻子、揪揪耳朵一样，爸爸妈妈们不必过分担心。

3—4岁时，随着生理进一步发展，孩子更容易感觉到来自生殖器的刺激。此外，在这个年龄段，幼儿身体里性激素有所增加，因此幼儿身体里性的冲动比之前更多。所以，3—6岁幼儿有更多的手淫行为，表现更为明显。除此之外，对异性的好奇、想看父母的身体、儿童间的性游戏（互相看、摸生殖器、过家家）等现象也表现明显。几乎所有的幼儿都或轻或重地出现这种现象，这是儿童性发展中正常的表现。

6—7岁后，也即进入小学后，性发展进入潜伏期，绝大多数儿童手淫行为自行消退。到青春期后，性发展又开始，达到生殖器占统治地位的性发展高峰。

除了上述生理因素外，幼儿如果频繁而持续地手淫，可能表明孩子生活中存在其他问题。譬如，无聊或精力过剩；成人经常逗弄孩子的敏感部位；父母忽略清洁孩子的敏感部位；孩子平时得到父母的呵护很少，通过自身刺激来求得安慰，排解孤独或者焦虑的情绪等。

（二）处理孩子自慰的心理小建议

如果家长阻止孩子手淫并跟孩子说，这种行为是肮脏的、可耻的，那么就等于告诉他："探索自己身体"和"让自己感到愉悦"的行为是一种过错，这会让孩子将"性愉悦"和"罪恶感"关联起来，影响今后健康的性观念的形成，进而影响成年后的婚恋。

对于懵懂天真的孩子来说，爱玩小鸡鸡、爱夹腿的行为完全与"性"是没有关系的，因为他们根本不知道什么是"性"，这种行为对他们来说，就像他们饿了就想吃东西、想嘘嘘了就尿尿一样，感觉很爽，所以就去做了，是一种正常且纯洁的行为。

茜茜3岁了，近来经常坐在大人腿上或躺下时就咬紧嘴唇，两腿夹紧并相互摩擦，直至面红、出汗，大概几分钟后停止。妈妈一见她发作便骂她，甚至打她，但均未能制止。

"你在干吗啊？！"晚上快睡觉时，妈妈发现5岁的儿子北北躺在被窝里悄悄抚摸小鸡鸡，就一下子掀开被子，把北北揪下床，让他面壁思过，并吓唬孩子再摸就割掉小鸡鸡。北北吓得大哭起来，一边哭一边向妈妈保证："我以后再也不敢了！"可没过两天，妈妈发现儿子又手淫了。

当发现孩子手淫后，大多数爸妈和老师持否定的态度，并希望以引导或惩罚来使孩子改掉手淫这个坏习惯。有的爸妈甚至恐吓孩子，说会得病、会伤害生殖器；有的则是责骂孩子。结果，不但没达到设想的效果，反而使孩子的手淫更加频繁。孩子明白这个行为被父母、老师发现后要挨骂，便转入"地下"状态了。

爸妈这样做，严重破坏了孩子对身体性唤起和性感觉的正常接纳，让孩子认为自身的性唤起是肮脏的、可怕的，认为这种行为是非常严重的、见不得人的错误，会给孩子带来心理压力和自卑情绪。这样更有可能使孩子从手淫中寻求安慰，使手淫的次数更加频繁，从而形成强迫。孩子成年后一旦有性唤起，就会认为这是丑恶的，会带来疾病，导致孩子成年后性功能障碍。

1. 不轻易打断

我们说干预孩子手淫，并不是粗暴地阻止孩子手淫，而是要让孩子顺其自然，帮助孩子完成对自身性唤起的认知、体验、接纳和掌控。尤其，父母不可以突然打断孩子正在进行的快乐行为，这样做会破坏孩子的性体验过程。如果孩子体验性感觉的过程经常被打断，孩子不会顺从成人而停止自己的发展行为，而是更努力地完成发展任务。所以，经常被父母打断手淫的孩子，会出现手淫更加频繁的现象。

如果发现孩子手淫的时间过长，比如超过半个小时，爸妈们最好不要点破，应想办法转移孩子的注意力，比如给他新奇的玩具让他玩，给他讲有趣的故事或和他一起做游戏等。当发现孩子在其他人面前有快乐小动作的时候，不要一来就是一顿羞辱、一顿打骂，应该这样跟他讲："当你想用那种方式触摸身体的时候，你最好在自己的房间里或隐蔽的地方，这样会更好地保护你的隐私。"如果孩子不同意，最好立刻把孩子带离公共场合。

2. 日常生活中不要在孩子面前渲染生殖器，更不要在孩子面前做出抓、揪生殖器等动作

孩子能控制尿便后应当停穿开裆裤，改穿满裆裤，减少亲戚朋友拿生殖器逗弄孩子的机会。尽早让孩子养成良好的生活习惯，不要给孩子穿紧身衣裤，因为紧身衣裤容易使会阴或阴茎受到刺激而诱发手淫。应该给孩子穿较为宽松的衣服和柔软的内裤，也不要让孩子穿得太多。家长要给男孩子定期清洁小鸡鸡，给女孩子每天清洗外阴，清洗时，注意用水撩拨冲洗，而不要用手去清洗，以免造成兴奋刺激，不然会引起孩子的过早手淫。

3.给予孩子更多的爱，转移孩子的注意力

如果你觉得孩子玩小鸡鸡、夹腿这种行为过于频繁、过于严重的话，大人就应该带孩子检查一下，孩子是不是尿路感染等导致生理不舒服，或者是孩子没有获得足够多的关注，抑或是孩子缺乏关爱，精神紧张。如果孩子一天手淫好几次，每次的时间很长，就属于沉溺手淫了。孩子沉溺手淫，主要原因还是成长环境恶化，他们需要靠这样的行为来寻找慰藉，比如父母不和睦，父母离异，父母很少陪伴孩子，父母做爱被孩子看见，成人粗暴干预孩子手淫，突然更换照看人，突然变换幼儿园，搬到了新房子，孩子在幼儿园受到较大的心理伤害等等，这些都有可能让孩子沉溺于手淫之中。

对于沉溺手淫的孩子，父母要更多地从引起孩子沉溺手淫的原因着手，改善孩子的生活环境，必要时可以寻求专业人士的帮助。

多给予孩子爱，父母们一定要多与孩子接触，多陪伴孩子，小时候多抚触，尽最大努力给孩子营造轻松愉快的家庭环境，让孩子感受到温暖和爱。只要孩子的情感需要得到满足，他内心的紧张与孤独感自然会减轻，那么用手淫去满足情感需要的自体刺激行为就会逐渐减少。

另外，鼓励孩子多参加集体活动，手淫一般发生在孩子独处的时候，如果经常让孩子在群体中，孩子对生殖器的关注度一定会降低，从而会忘记手淫这件事。多让孩子参加集体活动，跟小朋友一起唱歌、朗诵儿歌、做游戏等。

空闲时间尽可用活动"占住"孩子的手。比如，和孩子玩需要双手协调活动的游戏。例如串串珠子、搭搭积木、玩玩拼图、

吹吹肥皂泡泡、投球入盆、敲打锅铲出声、开动惯性小汽车等。多做游戏，消耗孩子的精力。

4.养成良好的作息习惯

睡觉之前或者睡醒之后是孩子手淫的高发时段，所以一定要让孩子疲倦了再睡觉。孩子睡醒之后一定不要让他赖床；如果他醒着不起床而在被子中玩耍，尤其是男宝宝早上起床，看到小鸡鸡竖起来的时候容易兴奋想去抚弄。

其实，孩子的性教育是一个非常宏大的工程，需要父母们花时间进行专门学习。性教育有着非常广泛的外延，它关乎生命教育、人权教育、性别平等，远远不是这本书寥寥几句能涵盖的。如果父母做不到非常专业，建议父母们可以参加一些和性教育相关的沙龙或课程，把孩子交给更专业的人，以确保孩子健康成长。

重要提醒

01

别惊讶，婴儿也有性快感。

02

1—2岁口欲期，满足孩子充分吸吮的需要；2—3岁肛欲期，对憋便便有偏爱；3—6岁生殖器期，开始向父母提出性问题。

03

对于"小暴露者"明确告知摸生殖器是很隐私的行为，带离公众场所或转移孩子的注意力。

04

培养孩子的边界意识，守护孩子的性安全。

05

对孩子进行性别平等教育，避免形成性别刻板印象。

06

正面回答孩子提出的性问题，满足孩子的求知欲。

07

鼓励女孩参与挑战，更加勇敢；关注男孩情感状态，更有温柔爱心。

08

分年龄分阶段回答孩子的性问题。孩子问到哪儿父母答到哪儿，不回避，不扩展。

09

孩子自慰不打断、不羞辱、不惩罚、不点破，给予孩子更多和大自然接触的时间，培养广泛的兴趣爱好，转移注意力。